大都會文化
METROPOLITAN CULTURE

　　少子化，以及不婚的影響，「來養隻狗兒」似乎成為現代人的習慣和時尚象徵；帶牠逛街、上美容院、喝下午茶，還一併過生日，買上整套用品……人與狗兒日子過得相當舒適。幾乎很少有動物可以像狗兒如此受到人類寵愛，這其中除了「可愛」的因素，我想，應該還有互相依賴、扶持的理由。

　　狗兒和人類的關係延續了好幾個世紀，然而，如同書中所述，狗兒許多行為背後的意義，多數飼主始終不明瞭，也不願意學著去理解，導致問題叢生，你的「好意」卻總是「壞了」牠。

　　本書提供了許多飼養的實用建議，讀者可以藉此學會解讀狗兒日常行為下的涵義、健康管理和不當行為的矯正，並以正面、積極的方式教養狗兒，免去棄養的念頭。期盼大家好好利用，建立狗兒和人們良好的互動關係，共榮共生。

郭守南

KNOW YOUR DOG

UNDERSTAND HOW YOUR DOG THINKS AND BEHAVES

·愛犬完全教養事典·

大衛・桑德斯 博士（Dr. David Sands）◎著　　劉珈汶◎譯

目錄
Contents

前言

狗兒（狼的亞種）從幾千年前就開始與人類左右為伴，互利共生。彼此建立友誼，分享利益，如共享食物、保護彼此安危。最重要的是，不論任何大小品種的狗兒，皆提供人類療癒性的慰藉。狗兒陪伴人類渡過難過時刻，也能感受人類快樂時的喜樂心情。

觀察狗兒發揮本能做出各種技能，總能帶給我源源不絕的樂趣。狗兒的行為經過百萬年的馴化，讓我理解為何某些人類學家相信，那些與最早被馴服的一匹狼群為伴狩獵的人類進化速度較快。當我將觀察狗兒的樂趣與日常碰到的狗兒問題聯結起來，更激發我想深入了解狗兒行為的動機。狗兒貼心及惱人的行為，都在我腦海留下同等又無法抹滅的印象。

許多人常問我在包羅萬象的狗兒種類中，哪個品種才是最理想的豢養種類。多年前，我會毫不猶豫地推薦拳師狗。因為家中曾養過拳師狗，證實可全然信任拳師狗與兒童為伴的理論。有一次，我出於彌補心態，將一隻心臟有先天缺陷的拳師狗，轉送給一個有心照顧的飼主。但當時，狗兒卻出現了異常的行為。現在想想才知道，狗兒的異常行為是因為與前飼主分離而導致的。如今，每種狗兒在我眼中都有其迷人之處，狗兒就如人類一樣，具有潛能發展出或好或壞的行為。

單純針對狗兒行為機制討論的寫作，對我而言是一大挑戰，也是一大樂事。

當我碰到把狗兒當小孩一樣對待的飼主時，我也不畏於承認自己是首位針對飼主不良教養，提出診斷建議的筆者。諷刺的是，在研究中我發現許多人類與狗的共通性，在碰到壓力時，我們會做出類似的反應，當接受別人善意或獲得理解時，我們總是投以最好的回應回報對方。

不論你的狗兒是你工作上的伙伴，或是你生活中親密的寵物，我都希望讀者能抱持一顆開放的心來閱讀此書，藉由此書了解每隻狗兒都保有其與生俱來的特性及專長。此書研究狗兒本能行為和後天學習行為是如何塑造形成，並解釋了在動物王國裡，人類與狗兒為何會如此顯得獨特。倘若本書幫助讀者對人類最好的朋友——狗兒有更深一步的了解，我執筆寫書的目的和使命便達成了。

右圖：狗兒的個性及表現行為中透露出本能特質，許多獵犬享受憑直覺追回獵物的樂趣，不論獵物是威雀或是玩具。

1. 了解你的愛犬

行為遺傳

學會懂得欣賞狗兒的最重要一課，就是先了解寵物狗和狐狸、狼、土狼、亞洲豺犬、狸狗、豺狼、澳洲野犬一樣，同屬於狼屬犬科動物。再者，循 DNA 研究發現，不論是軀體強健的紐芬蘭犬或嬌小迷你的吉娃娃，皆可視為狼的後代。

狼的後代

日本狼、中國狼、東加拿大狼、印度狼的基因，經由不同的繁衍方式逐漸演化，我們也不難在現代犬的外貌及習性上發現其演化結果。因為近親關係，家犬可與狼、土狼、豺狼交配並繁衍出有生殖能力的後代。這種基因交錯關係意味著：狗兒特殊的基因結構，允許狗兒透過繁殖來進行體型改造。經過幾代的選種交配，狗兒體型可塑造成或大或小。我們在貴賓狗的身上就可清楚見到這樣的可塑性，從標準體型到迷你型，甚至於玩具般大小的極迷你貴賓狗都有。

最古老的血統

澳洲野犬是最早被馴化的一群，存在於地球上已超過八千年。愛斯基摩犬的出現可追溯到西元前三千年前，其身上有著與龐然巨大的大丹狗和歐洲獒犬類似的基因，被訓練成狩獵或守衛犬，為歐洲最古老血統之一。歐洲獒犬從西元前兩千年至一千年前即存在至今，所向披靡的羅馬遠征軍即以利用歐洲獒犬著稱。

日本獵犬、柴犬與北海道犬也在同時左右產生。西元兩千年前原產於以色列的迦南犬與西元前一千兩百年前發跡的威爾斯柯基犬則被視作為最古老的牧犬。嬌小的馬爾他犬首見於西元五百年前，是世上最早發現的玩賞犬種。這些帶著濃厚行為特徵的血統，是當今十

上圖：啣回獵物屬獵犬進行血系繁殖時，所篩選的首要特徵，如：西班牙獵犬。

種主要狗兒種類的主幹。也就是這些偉大的狗兒，跟隨軍旅、探險家、移民者跋山涉水地跨越各國、經過幾千年血統篩選，造就而成現代多樣化狗兒血統。

十種典型的血統

根據目前 DNA 的研究，歸納出十種具有基本直覺行為的血統，分類如下：

家畜牧犬和看守犬

以集合驅趕、追蹤、看牧牲畜著稱，能展示出如狼群狩獵時的本能，訓練用來避防其他動物的侵食掠奪。

槍獵犬

獨特第二本能——定位、尋回、指向獵物，以幫助完成狩獵任務出眾為名。

氣味獵犬

以敏銳嗅覺功能追蹤獵物，並發出低沈吠聲宣告尋獲獵物。

視覺型獵犬

追逐並捕食獵物。

獒犬和大丹狗——防禦型犬類

強而有力，防禦力及戰鬥力十足。

鬥牛犬

有強壯的骨骼和結實的肌肉，身型雖小，但有著不屈不撓的堅定精神。

哈士奇雪橇犬

前身至腰部具有強大力量，展現天生的載運能力。

梗犬——除害蟲犬類

中小型犬，反應敏捷而頑強，除蟲能力強。

伴侶犬、膝上玩賞犬

伴侶犬、膝上玩賞犬，其典型的小型體積，被人類視為最適合的寵物伴侶，甚至於時尚裝飾品。牠們善於向飼主尋求依賴，深獲飼主喜愛。

歐陸屬種的影響

由現存知識及持續的研究發現：流著寒帶北方古老血統的狗兒，在外觀上比較粗獷、毛色豐澤飽滿，平易近人、體能上能勝任艱鉅的任務，如拖曳雪橇。相對而言，血統源自南方氣候區的狗兒，體積較顯嬌小、毛髮較細柔，腿短毛長的叢林犬（bush dog）即為代表。

獨立狩獵犬

品種如非洲巴辛吉、澳洲野犬的狗兒，不需經由人類指導，就能夠獨立協助人類完成狩獵任務。

下圖：幾世紀以來，米格魯獵犬以靈敏嗅覺狩獵聞名，牠們發出低沈吠聲，告知主人尋獲獵物。

上圖：大型骨架犬類中，聖伯納犬是最大噸位的狗兒之一。

狗狗的身體構造

狗兒天生短跑爆發力十足，借用肌肉的力量拖曳、緊咬、咀嚼獵物。身體的基本構造大同小異，但為達各種使命而進行血系繁殖的結果下，產生了各式各樣不同長寬大小，不同的骨骼和肌肉規模。小型狗用於除蟲害，大型犬則可狩獵或完成其他艱鉅任務。由此可知，體型大小也是狗狗主要行為特質的象徵。

頭骨、顎骨和牙齒
基本的頭骨形狀有三種

1. 長鼻、長頭型頭骨，如善於利用嗅覺或視覺的獵犬或柯利牧羊犬。
2. 短鼻、短頭型頭骨，如看顧家禽的拳師狗或鬥牛犬。
3. 中頭型（mesocephalic）頭骨，輪廓形狀大小介於以上兩種頭骨中間。

　　狗兒長型的顎骨，可容納不同成長時期所長出的牙齒。位於口腔後方排的臼齒和前臼齒用來咀嚼堅韌的骨頭和肉，前排的犬齒和門牙（恆齒）則用於撕裂肉。

唾液及汗水

　　唾液有許多重要的功能。當身體過熱時，狗狗寬闊的大嘴，可以幫助調節呼吸。

　　大量的唾液不僅幫助清潔舌頭，還有助於吞嚥食物的潤滑功效。當食物進入狗狗胃裡的時候，唾液中的酵素還可幫助分解食物。體溫升高的時候，狗兒便會吐出大大的舌頭，不停的喘氣。此時，牠呼吸器官接觸到周圍的冷空氣，藉此加速唾液的蒸散，來發揮散熱功能。

　　狗狗身上為何充滿特殊的狗味呢？這是因為狗兒身上佈滿了特殊的汗腺，幫助皮膚呼吸，這種汗腺分泌方式與人體腋下的汗腺類似。我們稱做為頂漿汗腺（Apocrine Sweet

小型犬與巨型犬

　　根據最近一份重要的研究顯示：在狗狗成長遺傳因子（部分的犬類遺傳因子）的調控序列（Regulatory sequence）中發現突變因子。據說，小型體積的狗兒身上都有這種變種。反之，古老品種的高大獵犬，如：具有代表性的大丹狗、獵獅犬（羅德西亞脊毛犬）則有著強健有力的肌肉支撐起寬大的骨架及四肢。

Glands），由汗腺產生出特殊的細菌分解汗水，而非像其他汗腺一樣增加身體溼度、調整體溫用。在狗狗腳趾周圍也有其他小型的汗腺，防止腳掌過於乾燥。尤其在酷熱難耐的時候，過於乾燥的情況下，腳掌容易痠痛受傷，造成裂傷及感染。

毛色與皮膚

狗狗的毛色質感變化多端，有些像愛爾達梗犬那樣粗如鋼絲、有些像哈士奇那樣濃密、有些如杜賓犬那樣滑順細軟、也有像黃金獵犬那般飽滿又防水。有些遍布於墨西哥和秘魯的狗兒甚至沒有毛髮。髮量茂密的狗兒，在夏天時毛髮會自動脫落；冬天時則會漸漸長回。毛髮粗硬的狗兒甚少掉髮，所以需要不時地修剪。

狗狗有著跟人類一樣的真皮層，但表皮較人類薄，這是因為狗狗有皮毛可以保護皮膚。表皮的皮脂所分泌的油脂防水，又可防止毛髮過於乾澀。毛髮底部的毛囊長出的角質細胞，不只能形成頭髮，也是製造指甲、鼻皮膚、肉蹼的基本元素。毛囊的生長如同一層保護膜，長出的毛髮可以保護身體。當狗兒提高警覺功能預備攻擊時，頸背部毛囊肌肉則會豎起毛髮。

下圖：大部分的梗犬都有著又短又粗硬的皮毛，且較不易掉髮，故需要不定期修剪毛髮。

1. 了解你的愛犬 | **13**

感官知覺

在日常生活中，狗兒依賴各種感官來行動，但某些狗兒的知覺較其他敏銳精準。狗兒嗅覺範圍超越人類所能及之處，聽覺也比人類敏銳。相對地，狗兒的視覺幅度比人類小、理解能力也差人類一大截。

視覺感官──眼睛

狗兒的嗅覺及聽覺範圍比視覺範圍廣。憑藉嗅覺及聽覺能力，狗兒可偵測出獵物的移動方向。這卓越的能力是因狗兒的祖先必須從傍晚至隔日清晨獵物，在昏黃的光線下獵捕食物而演化成的。狗兒有三層眼瞼，除了跟人類一樣有上下眼瞼外，還多出一層眼瞼（亦稱眼膜），維持眼睛的清潔濕潤。眼珠表面下的細胞結構，讓狗兒可以捕捉到獵物細微的動靜。從前的狗兒靠著獵捕維生，晚餐是否有著落？常取決於關鍵性的一分半秒。與其清楚地看見週遭全貌，不如擁有分辨獵物方向的能力來得有意義。狗兒所看到的世界，主要是單色系，次要也許是較淡的色階顏色。

上圖：德國狼犬機警地豎起耳朵，能察覺身邊任何不尋常聲音。

狗兒的視線也是身體語言之一。當狗兒目光緊盯，鎖定其他狗或人時，便代表牠帶有攻擊意圖。群體中地位階級較低的狗兒，會避免與地位階級較高的狗兒視線交流。為使對方了解自己沒有製造衝突意思，狗兒會首先表現出示弱行為，例如：梳理毛髮、別開視線。這樣一來，可避免狗群裡的成員因內部階級衝突受傷，而削弱狗群禦敵力量。

嗅覺感官──鼻子

狗兒的鼻子及其大面積的嗅覺細胞，在追蹤偵測獵物氣味時，扮演了重要的角色。

公狗藉由母狗身上的氣味或地上殘存的尿味，找尋發情的母狗。為劃分地盤，公狗會本能地嗅出其他公狗的味道，並灑尿掩蓋牠們遺留下來的地盤標記。還有，您的愛犬幾乎可以在還沒吃到食物前，就已經用鼻子在品嚐食物了！

左圖：高起的警覺臉龐及健康的鼻子證明了狗兒感官能力無礙，能瞬間分辨出週遭特殊的氣味、聲音及動靜。

聽覺感官——耳朵

狗兒耳朵形狀變化多端，但聽力幅度廣闊，還能聽到人類無法聽到的高頻聲音。

家中門前有訪客時，狗狗便將耳朵往前豎起，側傾聆聽。對於身邊新奇的聲音，牠會立起耳朵靜觀其變。休息時，耳朵維持靜止垂下；受到驚嚇或提高警覺時，狗狗便豎立起耳朵提高警覺，避免受傷及衝突。你的愛犬也藉由變更耳朵的姿態，與同類溝通表態。

味覺感官

狗兒舌頭上的味蕾數量少於人類，人類能察覺的味道是狗狗的十六倍。這樣的差異主要是因為狗狗的舌頭有更重要的維生作用——最重要功能就是藉由舌頭排出大量唾液蒸散體熱（見第 12 頁）。味蕾雖能傳遞酸、甜、苦、鹹、各種食物的味道，但對於肉食動物卻不重要。仔細研究狗狗舌頭的大小，你會發現舌頭功用是將食物準確地送入佈滿銳齒的下顎裡。畢竟，在飢腸轆轆的時候，能仔細品嚐食物的時間是有限的。

嗅探犬

狗狗腦內的嗅覺細胞數量可觀，嗅覺範圍超越人類所能察覺。健康濕潤的鼻子能刺激細胞接收更多氣味。嗅探犬的嗅覺能力經強化訓練能探查出五花八門的氣味，如：炸藥、毒品、失蹤或受困的人，甚至於藏匿於蜂巢內的蜂蜜。在安全檢驗時，嗅探犬扮演了無法取代的角色。

下圖：身處空曠野外中，狗兒敏銳的嗅覺所觸及的範圍廣闊。必要時，還能偵測辨識遠方獵物的方位。

狗狗如何思考？

看似聰明又能為所欲為的狗兒，其實只擁有小小的腦容量，無法做太複雜的思考，或全然理解人類社交生活是如何運作的。但狗狗超強的記憶力和特有的社交技巧，足以應付社交生活，並安然地與其他動物共處。

記憶力

狗狗的大腦主要機制跟人類一樣，在面臨麻煩時，能反射出「迎戰」或「逃跑」的兩種本能反應。儘管記憶管理細胞跟認知細胞卻佔了大腦主要的運作空間。這表示狗兒行為多半與辨認敵我關係，及如何與同儕相處有關。在家中，狗狗懂得迎合每個主人不同的需求，也記得該向誰求助才能達到目的，便是良好記憶力的一個證據。狗狗腦內記憶幫助牠辨識氣味、找尋路徑地標，也存放著生活中累積的寶貴經驗。在散步當中，若狗狗碰到其他的狗兒、陌生人、或其他動物時，腦中的思緒便全被用於處理嗅覺和視覺記憶來查明對方底細。狗狗腦中浮現最基本的問題是：牠是否屬於同社群或是外來者？牠對我是否造成威脅？牠是掠食者還是獵物？

視察其他狗兒

碰到同類時，狗兒會表達出顯而易見的試探心態，當對方予以回應時，狗狗便能進一步接近、研究對方，免除風險。看到了另外一隻狗兒時，你的狗狗便想要藉由聞聞看對方的生殖帶或肛門來了解對方。如此一來，藉著敏銳的嗅覺，狗兒在短短交會時間內，就可以得到非常重要的資訊，像是對方的性別、發情期、或是階級地位。然而，在做出此親密舉動之前，狗狗必須先觀察對方的聲音和身體語言。若聽到的回應是一聲冷淡的咆哮，便知道對方在警告牠要小心。就身體而言，觀察對方身體

上圖：出自本能天性，寵物們可藉由身體語言了解對方的心思。

前後兩端便能立即了解對方意圖。如果對方的耳朵成放鬆狀態，並擺動尾巴左右晃動（彼此釋出善意時皆會發出的訊號），狗兒便能夠無後顧之憂地靠近彼此，然後進行社交性的互聞動作。正如我們所知，狗兒樂於在對方臀部聞來聞去這種方式打招呼。反之，當對方態度強硬，豎立起雙耳並直挺起尾巴時，可能代表著狗兒有場硬戰要打。

與人交會

當有陌生人接近狗兒的時候，狗兒會先觀察人類的聲音跟表情，再決定是否要接近他們。愛狗人士通常會以高分貝明亮的語調、拍打雙膝、或敞開熱情的雙手的方式歡迎狗狗。當有人開始向主人攀談，在主人停頓下來聆聽對方說話時，狗狗接收到的訊息是牠可以進一步地嗅探對方。狗狗越熱情地擺動尾巴，越能受到人類更多的關愛及輕撫。而你也許會為你愛犬的貼心舉動而感到讚嘆不已，但其實狗狗高明的社交天份，是與生俱來的天生優勢。

狗狗眼中的世界

不論是在散步時，探索新環境，或是在公園和野外碰到其他動物和人。狗狗的大腦不停地在運用各種感官知覺記錄週遭環境——地標、氣味、野外環境…等，這些訊息會被大腦儲存並憶起，而幫助狗兒再次重遊舊地。

狗狗用互聞的方式打招呼，獲得了解對方的重要訊息。

上圖：在地位分階明確的團體中，狼兒能夠更有效地獵捕或尋獲更多食物，比單獨行動更有利。

社會化過程

你是否也感到疑惑？為何狗兒總是能和家人打成一片？答案很簡單：即是狗狗的優質本能驅使他們融入人類社會，並與人類和平共處。在野外，狗兒或狼會群聚一起相互合作，在獵捕食物時，這種相處模式更顯重要。

演化背景

幾乎所有的犬類皆有相同的演化目的，便是成為能適應群體狩獵和生活的動物。這表示狗兒和貓不同，貓獨立行動並尋獵小型哺乳動物，狗兒和狼不但能狩獵小動物，也可以挑戰獵食相當大型的動物。群體生活，藉著分工合作可以分享更多食物，也較容易找到理想配偶。

狗狗的社會結構

大多數的野生狗和狼群的社會階級清楚分明。地位最高的領袖，稱為領袖公狗（Alpha male）或領袖母狗（Alpha female）。牠們通常是團體中最強壯的成員，多數在幼年時期便嶄露頭角，且建立其領導地位。狗狗根據發育的先後順序來累計積分、決定地位。在體能上面臨到的首要挑戰便是：如何在一場激烈的戰鬥中，搶食到最多的獵物遺骸，最強壯公狗或母狗將贏得最多戰利品，並將戰利品埋藏起來或索性吃掉。而小規模的戰鬥遊戲則分配出誰是次階的公狗或母狗、誰又會是地位最低階的小嘍囉（Omega）。領袖公狗不在左右時，領袖母狗便取而代之，成為狗群裡頭的首領。

領袖語言

野生世界中，領袖地位清楚地展現於有些微妙卻也不太微妙的行為規範中。例如：誰該先進食？身體接觸時，誰在上方？誰可以帶領狩獵和搜尋行動？另外一種領袖展現方式是：佔據最好的休憩角落（居穴出入口）休息，或者被領袖母狗選為交配的對象。

狗兒在互動中闡明各自的社會地位。位處低階的狗兒做出在地上翻滾、躺著露出肚皮的動作表示服從，必要時，甚至會便溺來表示服從、害怕的心理。團體中，年幼的狗兒會向地位高的公犬躬背致敬（Play Bow）。面對功績不斐的獵犬領袖時，也會舔舐牠的嘴巴或頸部以表敬意。碰到了領袖公狗，多數從屬關係低下的狗狗，便開始自我理毛或別開視線，避免與領袖公狗正面交鋒。分享獵物時，可能會因為領袖公狗隨便發出的一聲吠叫或緊盯的視線，而害怕逃離現場。除非是為了擊潰侵略者或殺敵，團體中每個狗狗成員都會避免任何衝突或受傷的情況發生。

家庭生活即是犬類群體生活的翻版

如同生活在犬類群體一樣，你的狗兒也知道自己在家中的地位。多數的狗兒會視飼主為領袖，自己則位居次要地位。牠知道該先讓你吃飯，再等待你餵食，也會讓你帶領著牠狩獵搜尋，並決定何時何地行動。在家中，唯有你可以在舒服的睡床上休息，除非經過你的同意，狗兒不會和你分床同睡。狗兒能解讀種種訊息，並了解你才是家中的老大。值得慶幸的是，多半的狗兒都能欣然接受地位次於飼主的事實，狗狗也不願意承擔領導責任，牠們樂於接受服從所帶來的好處，以及了解自己定位所隨之而來的安定感。

你的狗兒有把你當作團體領袖嗎？

誠實地好好檢視一番狗兒對你的態度吧！ 想想看你的狗兒是否有把你當作牠的領袖。牠是否每次都願意遵從你發出的指令？當你呼喚牠時，牠是否順從並有所回應？從上述幾點觀察，你是否發現你的狗狗屈服於你？或者懷疑你的主人地位？一隻傷腦筋的狗，會坐上你的椅子、霸著食物對你吼叫、或潛入你的床鋪睡覺、散步時拖著你跑，這樣的狗兒，並沒有把你看作群體中的領袖。因此，我們需要幫助狗狗建立主從觀念，並釐清界線，讓狗狗了解自己在家中屬於較低的地位。

下圖：遵從主人指令的狗兒，通常視主人為團體中的領袖。

上圖：許多工作犬脫離幼犬時期後，便與飼主建立深固的感情，忠心耿直又重情感。

個性

無庸置疑地，你知道家中的狗兒具有獨一無二的個性，可是你可曾想過是什麼特別的因素，塑造出狗狗的個性呢？要剖析狗狗獨特的行為，就要從牠的血統、年紀這兩點出發，來了解狗狗如何受其影響而發展出「狗」格的。要知道先天的遺傳因子比後天培育更有絕對的影響力。

個性的類別

就整體而言，你會如何形容你的狗狗呢？

- 有些內向害羞、保守、安靜又敏感？
- 溫柔又親切？
- 自信獨立、警覺性高、態度冷淡、桀驁不遜？
- 活潑外向、熱情如火、精力旺盛？
- 易怒暴躁、固執堅毅、有些大膽？

倘若牠對你不是很忠誠或順從聽話，也許牠個性便與上述幾點不符了。狗狗的個性是如何塑造而成的？是什麼原因讓牠變成一個讓你又愛又疼的小玩意。接下來的第 22 & 23 頁將為你逐一解析。

生命階段

狗兒跟人很像，隨著年齡荏苒而改變個性。基因決定了個性，然而歷練卻能塑造一隻狗狗的個性。在幼年時期，狗兒無比熱情而精力旺盛，對於週遭事物保持高度的興趣；成年後，狗兒變得強而有力並能維持強健的體力。步入中老年後，不難看出狗兒經歷過世事錘鍊後的變化——沒有意外的話，狗狗都會變得更有智慧，放慢腳步更輕鬆過生活。

幼犬時期的正面影響

一項關於拉布拉多犬的研究顯示出，對於剛出生的拉布拉多幼兒犬來說，第一至八個月，是決定狗狗未來的個性及習慣的一段黃金關鍵期。出生後，尤其是在一到八週這段時期，身旁有健康又鎮定的母犬陪伴的幼犬，比較容易發展出健康完整的「狗」格，也較不會對飼主過分依賴（見第 114－115 頁）。

上圖：情緒穩定的母狗媽媽能孕育出健康快樂的下一代，使牠們培養良好習慣去試應成犬的生活。

心情愉悅放鬆的母狗媽媽會發揮堅強的母性照顧、餵哺牠的小孩。在第一週或過了眼盲耳聾的反射階段後，母狗媽媽便開始教導幼犬如何在狗窩附近大小便。這對日後飼主的家庭訓練，有著深遠的影響。如果幼犬過分持續地依賴母親，母狗媽媽也會試圖幫助轉移牠們的注意力。同時，母狗媽媽也會特別留心注意那些無法斷奶的幼犬——尤其是幼犬狗窩（litter）成員較多的情況下。如果不加以制止這種不健康的行為而放縱牠們，小狗終有一天會變成行為失控的成犬。

幼犬時期的負面影響

出生後前八週——特別是前六週時就離開同胎幼犬狗窩，被迫在短時間內長大的幼犬，在長大後常被公認為麻煩製造者。每隻幼犬需要經歷這重要的階段，來學會如何和兄弟手足相處、聽從母親的指導。若母親在這段社交培育時期生病或情緒低落，將會對年幼的狗兒產生不良的負面影響。對於那些必須拿起奶瓶餵養幼犬和供其溫暖安全感的飼主，在試圖扮演母親媽媽角色的同時，更需要了解母犬對於幼犬有多重要。

若幼犬待在同胎幼犬狗窩的時間超過了八週甚至更久的話，就會變得過度依賴。這情形將會成為新飼主的挑戰，新飼主可能在豢養初期就發現狗兒過分依賴的問題（見第 114-115 頁）。出生後八週才是將幼犬與家人和母親分離的最佳時期，這時的幼犬已初步建立了社會化概念，母狗媽媽也指正了狗狗對食物或母乳過分依賴的行為；所以，在這個階段幼犬已經做好準備，可以成為新主人的好伙伴了。值得高興的是，狗兒的適應力超強，多半能相安無事地度過這段適應新主人的過渡時期。

上圖：視覺獵犬隨著直覺而反應，這隻灰狗偵測到野兔在移動，便啟動了追捕機關奔向獵物。

血統與個性

每隻狗兒的個性都深受其血統的影響，即便是混種狗也是一樣，在兩個遺傳血統當中，必有一方是較為顯性的血統，而混種狗受其影響也較深。從十種典型血統分析而言，便能發現狗兒各自特殊的行為模式（見第 10-11 頁）。如果你恰好擁有一隻「工作犬」，研究其血統與行為的關聯，可讓你更深入了解你家的愛犬。

控制能力

邊境牧羊犬、比利時牧羊犬，以及德國牧羊犬的天職是幫助人類指揮、看護牲畜，

雖然現在牧羊犬不再需要趕集羊群，卻時而在散步途中趕集家人，展現出牠們本能。另外，主人丟球給狗狗，牠們懂得咬回丟球並彎下身子做匍匐狀、專注直視著球，等待主人下一個丟球動作。從主人的眼神中得到訊息，然後執行工作使命，是牧羊犬最顯著的個性特徵。過程中，牠們保持高亢的情緒，在草地中來回穿梭、曲折繞行。牠們精力旺盛，只要主人有機會帶牠們出門散步，隨時都可以出門活動。

堅毅天性

試問哪一家梗犬主人沒看過他們的狗兒緊咬著抹布或玩具，死命奮力地甩動，同時還發出低嚎咆哮的聲音？當工作梗犬受任要找出惱人的老鼠並消滅牠時，就必定要靠著如此堅毅個性來達成任務。梗犬見到任何小洞或洞穴，都會好奇地想往裡面鑽探，同樣的狀況也常見於家中，就像狗兒常常急迫地往沙發底下尋找那失蹤的發聲玩具。

啣回本能

同屬於槍獵犬的拉布拉多尋回犬和其他尋回犬、獵犬、定位犬、指向犬都傾向於把最

殺手本能？

梗犬為何陶醉於攻擊會發出吱吱叫的玩具？其中一個行為解釋原因，即是狗狗以為只要消除玩具發出的聲音，就代表「殺死老鼠了」。自很久以前開始，斯塔福郡梗犬和英國鬥牛負責打鬥、引誘鬥牛或獾，可能正因長久被鼓勵這種行為，使牠們變得更具有侵略攻擊性。即便如此，這些血統的狗兒和主人的關係還是很親密，因為牠們抱有高度忠誠度，也會捍衛主人的安危。

喜歡的玩具啣回交予主人，藉以接近主人並向主人示意。牠奮力搖著尾巴把東西拿給你，其實是想告訴你：「瞧！ 我找到了什麼」。獵犬通常聽話也值得信賴受任工作。有些獵犬個性溫和，有著柔軟的口腔，可以細心地啥咬任何東西（即使不是一隻獵物鳥），使它們不會因為被咬回而被破壞。有些精力過剩的狗兒甚至於會咬住自己主人的手，這種狗兒活力蓄量驚人。

視覺或嗅覺刺激行動

注意力專一的氣味犬，如尋血警犬、達克斯獵狗（臘腸犬）、米格魯獵犬、巴吉度獵犬，聽到主人給的簡單指示，通常的反應是不屑地瞄一眼。然而，若外出閒晃時被特殊動物氣味所刺激吸引，牠們卻有著追查到底的決心。這種情節常在日常生活中上演，一端是狗兒不顧主人急切聲聲呼喚而疾奔著，另一端的主人只能無可奈何地眼看著狗兒馳過草原，然後消失在茂密的樹叢裡。視覺獵犬則是眼見新奇的事物而受刺激反應。像灰狗、惠比特犬、東非獵犬、柏若犬這些狗狗，只需要看到可疑的獵物，便會奔向獵物追捕，直到把獵物到手或者追失獵物才肯罷手。

固執倔強

強烈的支配欲及倔強的個性常見於體型強壯魁梧的犬類，如獒犬。鬥牛犬和拳師狗也有相同的個性，但身高較矮。如果鬥牛犬覺得室外太過潮濕，牠會索性地將屁股跟大腿往地上一放，靠著前軀巨大的力氣扒著地板不放，拒絕移動。這樣的倔強個性，在一百年前受到高度的重用，鬥牛犬和拳師狗會緊咬著那些任性不聽指令的家畜腳後跟，直到牠們聽話往正確的方向前進為止。據人們所信，個性固執的獒犬、鬥牛犬和拳師狗，對主人也十分忠誠，主人是不會輕易更換其他種類的狗去取代牠們的。

下圖：牧羊犬做出趨集、靜止或趴下等待的直覺反應，源自於牠們看管守護牧群家畜的天賦。

生存機制——拚命、不動聲色、逃命

觀察狗狗眾多行為當中，最迷人炫目的時刻，就是看見狗狗在危急的情況下，或碰到考驗求生能力的突發事件中，做出的本能反應而成功脫險。脊椎動物本能直覺反應中，最首要的一個機制就是拚命（Fight）或逃命（Flight）反應。

原始的力量

拚命或逃命反應與分泌激素的正腎上腺有關。受到刺激時，大腦收到訊號聯結反應，而釋放腎上腺素促使動作。這樣特殊的激素使得動物（包括人類）的肌肉變得比平常還要有力，在動物意識到危險、痛苦或驚恐時，協助牠們脫困、激發力量，並增強防禦鬥志。拚命或逃命反應所產生的間接影響是激發其他主要感官一起運作，一旦嗅覺、聽覺、視覺同時和諧運作，求生機制就立即被啟動。隨後，狗狗馬上進入高度警覺的狀態，可隨時迎戰。

紋風不動

在某些動物身上，尤其是幼小順從、非掠食者身分的動物而言，拚命或逃命反應是以另一種形式呈現，便是停留在原地不動（freezing）。保持一動也不動的策略可以有效地逃離狗兒同類或貓科掠食者的攻擊，因為這兩者都一樣有著模糊的視力。狗兒和貓科動物的視力模糊，但可以偵測到獵物極小的移動。

獵食者採取同樣的靜止策略來隱藏自己，埋伏在獵物左右。在野外的幼犬和幼獅，遇到威脅時或陌生者時，就是靠這樣的靜止方式來應對。

過份興奮

有些過動的狗兒看到客人拜訪或主人返家時，會用尿尿的方式迎接他們，來表達心中興奮之情。這有可能是拚命或逃命反應對膀胱產生了荷爾蒙的影響。這時，可以在走道起端或門上裝設狗狗專屬的閘門，來減少迎門的第一個接觸，接著狗兒如果情緒平穩下來便給予獎賞，如此一來問題便可獲得改善。

上滿膛的槍

一旦狗狗的拚命或逃命機制被啟動，狗狗進入高警戒狀態，若感應任何威脅時，即準備好吠叫和咆哮（見第138-141頁）。外出行走時，狗兒保持較高的警覺心，假使碰到任何衝突跟挑戰，牠便能從容迎戰。別的狗狗身上散發出的費洛蒙氣味，身體語言及聲

音表情,這些基本訊息可幫助狗兒立即了解對方是怯怕還是信心滿滿。在這敏感的時刻,拚命或逃命機制一觸即發。但願在互聞儀式完畢後,雙方能相安無事地與主人平安回家。

荷爾蒙激素的激增

拚命或逃命反應機制所需的激素是由腎臟上方的腎上腺體所分泌。一旦進入此狀態,激素就會被大量的釋放,由血液傳送到消化系統、各大重要器官、再流入骨骼週遭的肌肉,如四肢或下巴。這樣的生理機制意味著:狗兒在路上若受到任何聲音或物體的驚嚇,牠能以更快的速度狂奔回家;碰到其他狗兒的攻擊,狗兒也可以捍衛自己或回擊對方。此時此刻,抗壓止痛激素(類固醇)的分泌可以幫助狗兒免於挨疼,防止牠在受攻擊或在被咬後所產生的痛覺,而阻礙或降低了狗兒防禦能力。

下圖:狗兒在曠野上享受奔跑的快感。此刻的嗅覺、聽覺、和視覺感受能力加倍,處於拚命或逃命反應狀態。

2. 解讀狗兒

身體姿勢

狗兒依賴複雜的肢體語言及氣味辨別來幫助牠們彼此相互溝通。這些技巧是為了避免社交上有所誤解，或者導致受傷所發展而來的。但是，你可以了解你的狗兒特別的語言嗎？

揭示意圖

你的狗兒應該已經能掌握基本的社交技巧了，也應該快速地辨別其他狗兒能否解讀牠釋出的善意。發出錯誤的訊息可能會導致其他狗兒顯露出攻擊的態度。狗兒擺動姿勢分三個階段，朝向人類、最主要的是朝向同類狗兒擺出姿勢來表達當下心理的狀態。

放鬆階段

身體處於放鬆、目光分散而不集中、頭和耳朵都垂下而柔軟。背部的曲線輕微的弓起，且尾巴垂落在兩後腿中間左右搖擺──此為舉起預警的尾巴之前的前期動作。

上圖：這隻杜賓犬頭抬得高高、耳朵豎起、背部曲線緊繃，代表了牠正在預測下個動作。

下圖：看這隻拉布拉多柔和的姿勢，尾巴向下、背部曲線流暢，表示牠的身體放鬆且很愉快。

預備階段

在第二個階段，狗兒身體輕微地挺直，頭抬高、眼睛直視前方，耳朵豎立、背部硬挺、後腿慢慢的移動、尾巴向上，左右的搖晃。從這個姿態來看，愛玩耍的狗兒也許會彎著牠的身軀，像是在邀請你或是其他狗兒一起加入遊玩。聲音獵犬有時也會鞠躬作揖或吠叫作勢。狗兒這些有趣又不帶火藥味舉動是在邀請其他狗兒加入競爭比賽，或是邀你加入遊戲。

準備就緒

你的狗兒在這階段的姿勢是保持高度的警覺並且可以隨時快速的行動，牠的身體更加堅硬及緊繃、雙眼直視且堅定、頭向前抬起，頸部到肩膀附近的毛髮站立，背部曲線挺直、耳朵豎立且靈敏，並且尾巴挺直的往後舉起。

嗅覺禮儀

你的狗兒擺出肢體語言這種社交策略表現牠的心態時，接下來就輪到對方來表態了。對能沉著自信面對身旁事物的狗兒而言，通常會擺出的動作就是躬背致敬（見第 46-47 頁），或者鼓勵彼此比賽及奔跑，甚至發出邀請玩耍的叫聲。然而，在狗兒開始遊樂之前，最常見的情況下，狗與狗之間必須互相嗅聞對方及交換味道。

無憂無慮輕鬆的狗兒多半會站著讓別人聞牠的臀部。假如你的狗兒做了類似的動作，牠們會頭和尾巴相反的併排站在一起。這動作方便交換氣味來確認對方性別、母狗的動情週期且可察覺牠是否準備好交配。氣味也可提供狗兒支配地位及心理感受的訊息，來了解對方是否恐懼或是開心。狗兒對突如其來的嗅聞，可能會招來警告性的吠叫、咆哮（見第 31-31 頁），或是一個有攻擊性的行為，而這看起來，似乎是——部分狗兒希望隱藏自己的氣味的意思。

下圖：這隻拳獅犬直挺挺地站著，展現出挺拔堅定的線條，這表示牠已經準備要行動。

認識肢體語言

當狗兒擺出這三種身體輪廓，其他狗兒便能輕易地辨識出姿勢的訊息，特別是身體線條明顯簡單的犬類，更容易讓人看清楚。然而，有些長毛血統的狗兒其毛髮可能會模糊了耳朵和背部線條。

不善交際的狗兒可能有解讀障礙，或是無法接收直接了當的訊息。有些狗兒雖然友善地搖擺牠的尾巴，卻仍然可能做出攻擊行為。這是膽小的狗兒感到受威脅的時候，故意混淆競爭者所做出的計謀和預防措施，來避免對手有任何攻擊的機會。情況有時無規則可循，但一隻自信自在的狗兒，即使對方沒有做出相同的示意，通常仍會先搖尾巴來釋出善意。

強勢的狗兒會選擇舉起高高的或者彎曲著尾巴搖擺，然而其他較弱勢的狗兒也許會慢慢地搖晃牠垂落的尾巴，甚至躺下讓其他狗兒聞腹部。強勢的狗兒通常會跨站在服從的狗兒的身上，來宣布牠的優越性。總體而言，肢體語言偶爾伴隨著基本的叫聲，像是遊戲時的叫聲。然後，假如一切都順利的話，接著就是執行嗅聞儀式了。

上圖：狗的叫聲是群體生活中的基本語言。叫聲可警告人類及其他狗兒注意潛在的威脅。

吠叫、低沉咆哮、尖銳喊叫

你的狗兒藉著簡單的發聲系統來表達意圖，牠們也藉著這些聲音來輔助肢體語言。聲音的音調，從低音轉換到高頻率的喊叫都有，它在溝通意圖的時候是很重要的。在狗兒的語言中，吠聲是主要用來當作警戒的訊號。

警告的吠聲

在大自然中，野生的狗兒利用叫聲（很少重複）來警戒或者警告其他的同伴們。這通常象徵著其他成群的狗兒、成群的掠食者或者甚至獵物的出現，讓其他同伴狗兒注意到有外來者。一旦發出聲響，狗兒們就會聚集成群來面對處理潛在的威脅，或者準備飽餐一頓。

注意的叫聲

當你的狗兒在喊叫時，牠正在通知你有個不尋常的噪音或是潛在的威脅，需要你去調查或者處理。假若你沒有處理，狗兒將會自己處理。這意味著狗兒會顯露出高度驚恐而快速在房間跑來跑去、向前門猛衝或者跳上去，叫聲充斥全場的行為。假如你請狗兒停止喊叫，而牠又有受過適當訓練的話，這叫聲應該會停止。狗兒就會知道你正在處理異常的聲音、事件，或者你認為這根本是件無關緊要的事情。

吠聲的習性

當狗兒發出第一次叫聲時，牠自己也許也會感到驚訝。有些狗兒是在性徵成熟後才有自信開始發出吠聲。有些狗兒，像是梗犬或者護衛犬的種類，例如羅威納犬及德國狼犬，似乎很享受吠叫的過程。但有些會變得過度沉溺在向目標物吼叫。然而，簡單地去猜測得知，牠們只不過很享受自己所發出的聲音，也許牠們只是沉溺於吠叫後，目的達成所帶來的成就感中。實際上貝生吉犬（非洲獵犬）並不吠叫，而是用一種類似約德爾調（Yodelling）的聲音，藉由真假高低起伏變化來表達情緒。

通常激起狗兒吠叫的原因，不外乎是聽到不尋常的噪音或者察覺到潛在目標（威脅或者興奮的事情）。狗的叫聲，通常是因為看見或者是聽見其他狗兒或人類經過，或者送東西到家門口而引起。

玩耍的叫聲

玩耍的叫聲是一種學習而來的反應。狗兒藉由玩耍的叫聲獲得你的注意，或者要求你丟球或丟飛盤讓牠去追和撿。狗兒們彼此之間會互相追逐喊叫，牠們看起來似乎可以辨別警告的叫聲或是玩耍的叫聲，然而有些社交行為表現較笨拙的狗兒，也許對這兩種形式的叫聲會感到疑惑。這種追逐喊叫表示狗兒因為有玩耍的機會而感到很興奮，這種情形與小朋友享受遊戲的過程中，因興奮會互相喊叫的情況一模一樣。

警告的咆哮

當你的狗兒在大聲吼叫時，有可能代表著牠正涉入一場戰爭（與主人或其他的狗兒），或是擺出攻擊姿勢警告其他狗兒不得靠近，發出信號叫牠們後退，不然就要自行承擔受傷的風險。有些狗兒會以一種輕微的吼叫來與主人互動。這音調不是帶有威脅性，而可以解釋為一種裝腔作勢攻擊的技能。

犬類的吼叫是帶有立即性的警告，特別常見於野外狗兒之間。假若有隻狗兒不想和別的

狗兒聲音的語言

低頻：玩耍的吼叫，攻擊的吼叫。
中頻：玩耍的喊叫，警告的喊叫。
高頻：柔順或者受傷的哀號，懇求的哀號聲，分離時發出的哭嚎聲、哀嚎聲。

狗兒分享獵物，發出表達佔有權的吼叫聲，將可以威嚇在獵物旁徘徊不去的其他狗兒。若是次等領袖公狗（Beta Male）向領袖母狗表示好感，領袖公狗則會發出咆哮來嚇阻次等領袖公狗。當兩隻公狗在互相爭權，一個宣示威權的吼叫聲，足以讓另外一隻較弱勢的狗兒知難而退，並毫髮無傷地離開現場。犬類的咆哮聲在階級挑戰及侵略行動中別具意義，這可解釋成為什麼狗兒對於男主人低沉的嗓音會做出立即地反應，因為跟女主人高頻又明亮的嗓音比起來，男主人的聲音聽起來挑戰意味比較濃厚。

下圖：狗兒在玩球遊戲所發出的吠聲溝通方式是一種吼叫練習，以備未來真實攻防戰時所用。

服從

　　當你不小心踩在狗兒的腳上，或者踩住牠的尾巴，你會聽到一聲高分貝的哀嚎。這表示說你的狗兒可能受到輕傷，要是一直重複的話，即代表著受到了嚴重傷害。哀嚎聲在狗的語言中算是高音頻的其中一種，另一種是嗚呼聲。哀嚎聲在本質上代表著一種服從的信號。在野外，失敗的競爭者會在強者前發出哀嚎聲來示弱。在鬥爭之中，狗兒被對方壓制不動時，若想要從口中或者腳下逃出時，便會發出哀嚎聲。

　　為了得到主人的注意，狗兒會懇求或以溫順的態度發出哀鳴聲，這經驗通常與小時候就和狗媽媽分開的經驗有關。狗媽媽當時也許只是暫時從小狗的身旁離開休息一下，或者是出外找尋食物。你的狗兒會利用同樣的聲調，央求你和牠玩耍，或者給牠食物。牠學習到順從

下圖：這隻梗犬，對著一根在散步途中發現的樹枝顯露出強烈的占有慾。要避免這情況發生，可隨身帶著玩具轉移注意力，當牠叼回玩具時，記得給牠點心做為獎勵。

的態度可以從你這裡得到一些好處，甚至贏得與你一同外出散步的機會。假如你放狗兒獨自在家，牠便會開始一直不斷地發出哀鳴聲，但如果連你在家的時候，都有一樣情形的話，這表示小狗過度地依賴你，還有可能衍生出與分離恐懼有關的問題。（見第 114 - 115 頁和第 118 - 121 頁）

問與答：叫聲

● **請問當我在訓練小狗時，牠卻不停的吠叫，我該如何處理？**

　　當狗兒一直不停的吠叫，也許牠知道這種方式可以得到額外的注意。你可以用銅片移除法來訓練狗兒，將銅片的聲音和食物被移除聯想在一起，來打斷牠過度吠叫和哀嚎聲的行為（見第 75 頁）。一旦狗兒停止吠叫，可以利用響片訓練給予牠一個獎賞。假若你不在家的時候，狗兒又開始不停地吠聲、哀鳴、哭嚎，即顯現狗兒對主人過度依賴了（見第 114 - 115 頁，第 118 - 121 頁）。

● **我們沒有在玩耍，狗兒卻對我吼叫的話，我該怎麼辦？**

　　如果狗兒帶有挑釁意味地向你吠叫，首先堅定地向牠說「不行」，或者用銅片發出訊號（見第 75 頁）。一旦行為被制止後，便高聲地說一聲「很好」，接著用響片發出訊息。面對這類的問題，建議主人不要與牠正面衝突或有眼神接觸、吠叫和挑戰行為，可能是用轉移注意力的方式來予以阻止，你可以向牠說「快從傢俱上下來」、呼喚牠到你身邊、用食物吸引，或是將狗兒移置到另外一間房間，來制止狗兒吠叫。把狗兒移置到另外一個房間，隨後發出哨聲、食物袋沙沙聲，或是朝著狗兒丟一顆球，是矯正狗兒的行為，並鼓勵牠聽話最有效的方法。當狗兒走向你，然後乖乖坐下的時候，記住永遠都要獎勵牠們（言語上、食物、撫摸、或者是玩具），然後大聲說：「做得好呀！」（如果曾經受過響片訓練的話，也可以使用響片。

狗兒藉著持續的吠叫來得到關懷、食物和良好的互動。這行為須在初期階段就被制止，以防吠叫發展成為挑戰主人的行為。

你的狗兒想要成為你社會活動領域的其中一部份，牠知道牠正在接近你時，你有可能會低下來輕拍牠、撫摸牠。你投注的關懷對狗兒來說，就是群體領導施予的正面肯定，因為狗兒需要獲得領導階層的認同才能感到安心。

輕撫你的寵物

輕撫的意義

狗兒會將你的輕撫看作是從你這邊獲得更多東西的第一步。他會聞你、舔你的手，讓你變得更加投入在這互動中。牠可能認為只需要給你一個眼神或者搖搖尾巴，就可以從獲得一個簡單的輕拍、撫摸、一個親密的擁抱，也許更進一步地得到出外散步的機會或者一些食物。

寵物的愛

身為天生的社交互動好手，狗兒只須花費短短的時間就了解到，搖動尾巴這個「快樂狗兒」的註冊商標，可以讓牠得到許多家庭成員及朋友對牠的關懷。特別是剛出生就離開母狗媽媽和家人的幼犬，因為離別難耐所產生的分離後遺症，尤其熱切地渴望與主人有身體上的接觸（在睡前特別明顯），以致於更需要你的照顧。因為依偎在你身旁得到的溫暖，就如同在親人左右一樣的親近、舒服。

整理毛髮的舉動

狗兒快樂地接受主人對他的撫摸，甚至粗魯的身體接觸也甘之如飴，因為牠認為這是正常整理毛髮的其中一種行為。試著抓住牠的頸部後面（脖子後面附近鬆軟的皮膚），輕輕地按摩頸部後方和下巴下方，然後再搔搔牠的耳朵。這些區域對狗兒來說都是非常難自行整理的地方。你樂於幫狗兒按摩，或者抓癢頸背部的舉動（這個動作模仿牠的媽媽輕輕地咬住牠的頸背並將牠移動的動作），和犬類生活中相互順毛的服務行為大致是一樣的。自然界中，唯有相互信任的狗兒，才會幫彼此舔舐對方的毛髮。這種行動可被當作是一種紓壓解放的舉止，減少團體中緊張且衝突的氣氛。舔舐不僅可以達到整理毛髮的原始目的，還有幫助狗兒記憶味道和氣味功能，若受傷了，也可以靠著舔吮來清理傷口。反覆來回地舔吮動作，還可以促進大腦釋放荷爾蒙，幫助身體鎮定放鬆（見下一頁）。

撒嬌

當狗兒躺在地上滾來滾去秀出牠的腹部，那表示牠在撒嬌。在這種情況下，主人只要輕輕地揉揉牠的身體，就足以鼓舞狗兒下次重複做出撒嬌的動作來得到獎賞。大自然狗群中，地位較低的成員，通常會露出牠們的腹部和生殖器部位給地位較高的狗群們嗅聞、舔舐、然後讓地位平等的同輩整理毛髮。

上圖：主人和狗兒通常喜歡搔療的親密接觸，在輕撫的過程中，彼此都可以互相獲得滿足感。

賀爾蒙帶來的好處

狗兒享受你輕撫牠時所帶來的美好時光，部份原因是狗兒享受撫摸對身體產生的愉悅的化學變化。整理毛髮的舉動有鎮靜的效果，幫助刺激狗兒的腦袋釋放放鬆的荷爾蒙。有三個主要的荷爾蒙：

腦內啡——隔絕壓力、痛苦及疼痛感。

多巴胺——由感覺來觸發，當身體預期到感覺時，大腦就會釋出使人紓壓鎮靜和保持愉悅的荷爾蒙。

血清素——獨特的荷爾蒙，帶有獎賞體內的愉悅感。

人類撫摸狗兒能得到什麼好處？

當你撫摸狗兒時，對於你自己心臟方面的新陳代謝有一種正面的療效，因為此舉能激發大腦釋放出使身體受惠的荷爾蒙，同時也能讓狗兒感到滿足。飼養狗兒已被證實可幫助人類降低血壓，甚至遠離憂鬱。那些得到心臟病、高血壓、糖尿病和許多慢性病的病人，在開始照顧狗兒的同時，身體健康也漸漸獲得改善。現今幾個計畫中，人們都是因為照顧狗兒而受惠。

美國有動物協助療程計畫（Animal Assisted Therapy Program），英國有寵物治療（Pets as Therapy），許多養老院、收容所和醫院的病房中的居民或病人，都藉著照顧狗兒來遠離疾病。養育一隻狗兒，對於人類的頭腦和心臟都有好處。心理學家同意，讓幼童照顧狗兒，對於智商發育有很大的幫助，也同時增進孩子的責任感及對動物的尊重。

上圖：當狗兒舔主人的臉頰時，表示要求食物或關愛，是一種天生的撒嬌舉動。

問與答：舔舐

我該如何讓狗兒停止舔我的臉？

只要狗兒開始舔你的臉，不要用口頭方式阻止牠，這樣狗兒會誤以為你對牠有所回應。你可以轉過頭且避免身體及眼神的接觸（參見75頁）。只要狗兒停止舔你，你可以讚美牠、提供玩具，或用響片的聲音當做獎勵（參見74頁）。

舔吮舉動對狗兒有害嗎？

有些沒有安全感的狗兒會舔上癮，當與主人分離而感到焦慮時（見第118-121頁），他們會重複地舔舐腳掌或側身，這麼做是為了促使大腦釋放讓身體產生舒服感受的荷爾蒙激素。舔舐的過程中，有可能會引發細菌感染及長肉芽腫，這時狗兒就需要專業的行為治療師及獸醫的照顧。

舔吮舉動會危害人類健康嗎？

狗兒從外面接觸到其他狗兒或動物的排泄物，回家後可能會間接地將有害的細菌傳染給主人，這對人類可能會有危害健康的風險。雖然在大多數案例看來，傳染的風險算是比較低，但當狗兒舔你臉的時候，還是要提防這一點比較好，尤其是家中有小孩的飼主更該注意。

舔你的臉

你剛和朋友結束逛街，一同回到家，第一眼便見到忠實的狗兒熱情地歡迎你回來。你也跪在地上向牠說「哈囉」，然後狗兒使盡全力地舔你的臉。雖然這是你愛狗兒的表現，但是其他人也許會感到有一點點尷尬。

為什麼狗兒要舔你的臉？

當狗兒企圖要去舔你的臉時，牠只是想模仿在野外中常見的歡迎禮儀。在自然界，年幼的狗兒和留在家裡看守幼犬的領袖母狗，見到出外打獵的成犬歸來時，都會熱情地歡迎牠們回家。年輕的幼犬和其他留守又飢餓的成犬就會推擠在一起，並急切地試圖舔舐打獵歸來的成犬脖子、喉嚨和嘴巴，當作一種請求的方式。期望在外打獵完後，酒足飯飽回來的狗兒們，會因為受到刺激而反芻部分被消化的食物給家中的狗兒吃。因為狗兒天生基因內植本能中，對於這種服從的舉動會自然反射出反芻的反應。

所以，與其盲目地相信狗兒親吻的行為是愛你的表現，寧可放棄人類的觀點而選擇相信狗兒親吻、舔吮動作，只是單純地想得到主人的注意力所表現出來的服從或懇求；同時，狗兒也期盼藉著這種行為來得到食物或者散步的機會。

你該怎麼反應？

假如你認為狗狗舔舐你的臉，特別是去舔嬰兒和小孩的臉，讓你覺得不舒服或不衛生。在幼犬時期，你就必須避免因一時不察而不小心給予狗兒注意力，或者身體上的接觸，否則將無疑加深了狗兒以為你喜歡舔舐的印象。取而代之地，看到狗兒坐下時，要盡量獎賞牠們，而不要鼓勵跳躍以及爬到你的身上的行為，並且提醒家庭成員和朋友們，不要隨意跪下或者坐在狗兒視線水平的高度。假如牠試著要舔你的臉，轉過頭不要說話，也不要有視線交流。當牠停止舔吮動作時，立即給予一個讚揚並且輕拍牠。之後，狗兒就會學會若要獲得你的關愛和擁抱，不用依賴舔你的臉就可以得到。

這隻年幼的黃金獵犬正舔著年長狗兒的嘴巴來展現牠懇求的舉動。

上圖：這隻狗兒看準了極佳位置，正開心地用爪力幫自己挖掘個休憩的地方。

舔舐、挖洞、咀嚼

狗兒的某些行為與牠們的天賦有關，靈活的舌頭、精巧的爪子和一排銳利的牙齒都是幫助完成狗兒天賦行為的好工具。這些末端的身體配件，讓狗兒可以好好地探索週遭的世界。

舌頭的功用

　　狗兒幾乎隨時隨地都會露出牠的舌頭。天氣熱的時候，狗兒須持續地伸出舌頭來散熱，然後分泌唾液來降低體溫（見第 12 頁）。如果你同意舔舐你的話，牠會用舌頭舔你的雙手、臉頰，甚至於雙腳來獲得你的氣味，從中

狗兒可以確認你的荷爾蒙濃度、身體狀況，還有你是否身心健康。雖然狗兒的舌頭不比砂紙粗糙，但卻粗得可以分解鬆軟的食物。因為在野外，狗兒必須能夠把獵物的血肉與肌肉和骨頭分解開來。狗兒也能將舌頭捲曲成淺淺的湯匙狀，這樣就能方便牠喝水時，把水送進喉嚨了。

精巧的腳爪

　　狗兒有四副爪子，可以用來抓尋沙發下方最愛的玩具或是在花園中挖個大洞。

　　狗兒是有挖洞習性的動物，在野外，牠們會挖洞來休息，刮風下雨時可以避避風雨。所

以在家裡，你可能會發現狗兒在尚未躺上地毯之前，會試圖抓扒幾下。

這個習慣等同於在野外或森林裡，試圖將泥土或棲息地弄得更鬆軟舒適，來防蟲害或是毒蛇入侵。野狗在享受獵物時，也會用腳爪扒去獵物的皮。如果沒有適時的修剪或者因為走路時被磨損，腳爪之間會長出氣味腺體，在狗狗所到之處留下氣味痕跡。有些狗兒因為落單留在家中，或者被迫獨自隔離在另外一個房間時，會用失控地用爪子亂抓門板和沙發，藉此來表達因分離恐懼而產生的不安感。（見第112-123頁）。

你可能會發現狗兒在便溺或排便後，會用後爪扒起或踢起泥土。針對這個行為，有許多不同的解釋說法，無疑地當中必定包含了領土標記的作用。

這個做法可能會增加狗兒留下的氣味，或者是狗兒故意掩蓋自己氣味的計謀，也有可能是狗兒想要蓋過前一個人的氣味（狗兒一開始企圖灑尿掩蓋掉的氣味）。有些專家學者也認為，這是狗兒故意在其他狗兒觀察下所做出的示範行為——有視覺上和溝通上的表態意義。地上的抓痕也有視覺上的警告意圖。

強健好用的牙齒

狗兒有42顆牙齒，數量是人類幼兒的一倍，比成人多出十顆牙齒。係由七對前臼齒、六對臼齒、六對前齒還有兩對犬齒組成。野生犬的前齒和犬齒是負責來撕裂生食，而前臼齒和臼齒則是用來咀嚼分解食物。若要享受現在的寵物罐頭食物，並不需要能夠撕裂生肉或咬碎骨頭的這種強健牙齒，但是狗兒的牙齒仍保有此用途，來提醒著人類牠們是被馴服過的獵食者。

右圖：咬嚼東西的習慣常見於幼犬和成犬行為中，因為此動作促進腦部釋放幫助狗兒鎮定情緒的荷爾蒙。

優質的皮骨

不喜歡啃骨頭的狗兒簡直是異類，狗兒常津津有味地啃咬著生骨頭或生皮骨。

啃咬的動作可以促進荷爾蒙分泌，達到和緩狗兒情緒的效果（見第34頁）。然而，若是給狗兒煮熟的骨頭啃咬的話，要注意是否有碎片或硬殼的情形，以免造成狗兒身體不適。那些胡亂啃咬家具或是主人鞋子的狗兒，可能因為太無聊的緣故，或者是受到分離焦慮症所苦。

3. 日常習慣

上圖：這些狗兒全然放鬆地休息，補充體力方能迎接下一回合活動。

睡眠

狗兒跟你一樣需要睡眠來補充精力電池。需要的睡眠時間長短，端視乎狗兒平常的活動量跟牠的年齡而定。狗兒曉得尋覓最舒適的地方休息，也知道適時地小憩一下。

狗兒也會做夢嗎？

白天或傍晚時刻，狗兒的睡眠狀態多半處於快速動眼期（REM, RAPID EYE MOVEMENT）睡眠期，即為進入到無意識的熟睡期之前一階段，此睡眠階段的意識清醒程度最高。介於這段期間，你也許會看到狗兒雖然已經側躺在地上睡著了，卻還是做出在跑步的動作，還發出含糊不清的幾句叫聲。

睡眠模式

大部份的狗兒都喜歡跟主人一樣在晚間睡覺。當主人白天外出時，或正專注在工作或讀書上，狗兒則是睡睡醒醒來打發時間。然而，如果主人的作息時間不定，狗兒也能配合主人時間睡覺，這樣牠們才得以準時吃飯及外出運動。獨自在家看守的狗兒，通常會鎖定主人的床為休息點目標。不僅是看上床的舒適度，也因為臥房裡殘留著淡淡的主人味，可使狗兒感到心安。白天時的睡眠都是間歇性的淺眠，有些狗兒睡覺時還是保持戒備，沒有完全的闔上眼睛或垂下耳朵。睡眠常被家裡日常的雜音吵醒，例如：郵差送信的聲音或者是電話鈴聲。

活動的必要

　　長期與主人散步而運動量充足的狗兒，返家後會先吃過飯再休息。有些不再需要大量工作的狗兒，如槍獵犬、視覺、氣味獵犬或看禽犬則希望主人帶牠出去走動的機會越多越好，而返家後便倒頭就睡，讓體力得以恢復並保持充沛精力。

　　這也解釋了為何「找尋食物或玩具」這樣鍛鍊腦力的遊戲，對於狗兒來說跟體能鍛鍊一樣重要。因為一隻邊境牧羊犬在工作時必須全神貫注並使盡全力，導引迷路的羊兒歸途，或圈集羊兒成群；若有天失去了這樣消耗體力的機會，有些狗兒睡眠時間會變得極為零星鬆散，甚至會試圖很早就叫醒主人。這樣的行為也可能與分離症候群所帶來的問題有關（見第118－121頁）。

睡眠的必要

　　小狗和嬰兒一樣，在每次活動後需要大量的睡眠和休息。狗兒成長到中年或老年後，你會發現狗兒的活力和持久力明顯降低。但非所有的狗兒都顯得如此衰老，許多主人都發現，若家中新添幼犬成員，能使得成犬恢復體力和元氣。年輕的狗兒會捉弄年紀較長的狗兒一起遊戲。狗兒之間相互較勁容易引起不公平競爭，但有時也有可能是一場勢均力敵的拉鋸戰（tug-of-war）。年邁的狗兒會選擇躲在溫暖的地方打瞌睡，像是火爐旁或是灑滿陽光的房間。你會發現狗兒運動完後所需的睡眠時間越來越長，身體也越來越容易感到疲累。

狗狗總在不適當的時間睡覺，該如何是好？

　　有些狗兒會在大白天或部份晚間時間睡覺，然後突然間又生龍活虎了起來。這樣睡眠錯亂的情形，通常與主人不穩定的上班時間，或是與狗兒虛弱的身體或疾病有關。也有些嗅覺敏銳的狗兒（具有高度警戒感官能力）因為突然聞到奇怪的味道，而無法安眠（見第126-127頁）。這個症狀可在狗兒病癒後，或者透過頻繁並具有獎勵性的散步活動中獲得改善。碰到容易緊張的狗兒，主人可在室內安置一個有遮蓋的棲身處，或者利用帆布旅行袋仿造一個如野外的巢穴，讓狗兒感到安全（見第120-121頁）。那些因為主人不在身邊而無法在夜晚平靜下來的狗兒，也有可能正為了「分離焦慮症」所苦（見第118-121頁）。

右圖：睡覺時，狗狗伸長前腳做出跑步的動作。也許牠正夢見牠在跑步，還會含糊地叫了兩聲。

上圖：負責基本的狗兒護理和日常梳理，對小朋友的情感依託有正面的影響。

問與答：梳理

幫狗兒梳理毛髮的時候，如果牠不聽話該怎麼做？

這時可以用聲音輔助器具教導狗兒。若狗狗行為得體的話，就使用響片訓練的方法來獎勵牠們；反之，如果狗兒反應激烈，甚至挑釁主人的話，則用銅片移除法（training disc）指導牠。這樣一來，狗兒就知道行為得體的話，隨之而來的就是獎賞。

狗兒每天梳理嗎？

除非狗兒屬於長毛型的犬類，其實一個禮拜刷理清洗一次毛髮就夠了；長毛狗兒所需的毛髮護理是次數頻繁又簡短的梳理，來防止毛髮糾纏打結。狗兒實際所需的梳理次數，其實是依據外出次數和狗狗毛髮量來判定。散完步後狗兒全身溼透，幫狗狗快速擦乾身體的方法，就是用舊的大毛巾擦拭狗狗身體，擦去身上的泥巴髒污跟掉落的毛髮；接著進行簡短的梳毛步驟即可。要清理長毛型狗兒的毛髮不是件容易的事，所以主人需要備有更多的毛巾並進行更冗長的梳理。

狗兒需要洗澡嗎？

每隔幾個月或是在經歷一趟泥濘的遠征探險後，可以用狗狗或嬰兒專用的洗髮精幫狗兒清洗身體。雖然狗狗不享受洗澡的過程，但是保持身體清潔才能讓人們更想要接近撫摸牠們。清潔同時要注意，不能過分清潔皮膚表層下的身體油脂，毛髮的尾端和保護毛通常比較粗硬，接近皮膚根部的毛髮和皮膚則比較纖細柔軟。過份地洗去這些重要的油脂，可能會使狗兒的皮膚變得脆弱並產生問題。假使你跟狗狗剛穿越鄰近的農田，將家畜趕集回來，這時用毛巾擦拭狗兒身體，就是順便幫狗狗做個身體健康檢查的最好時機，還可以檢視毛髮內是否有藏匿蝨子或跳蚤。

毛髮梳理

狗兒的毛髮需要定期梳理。見到你將牠打理乾淨所做的努力，在不同個性的狗兒眼中也有不同的看法。我們從狗兒的血統和毛髮量，可決定該給予多少身體上的照料或多久梳理一次毛髮。

相互利益

為了你自己利益出發著想，將狗狗的皮膚和毛髮清潔梳理乾淨，可確保狗兒外觀健全並減少掉髮。有些狗兒明顯地享受被梳理的感覺，尤其是那些從小就養成梳理習慣的狗兒。某些特定的部位是狗兒特別喜歡被搔癢撫摸之處，特別是那些牠無法碰觸梳理的地方，如：頭頂、頸背部、下巴下方。狗兒明顯地展現梳理的愉悅感，可能是因為梳理的動作，讓狗兒聯想到初生時被母親舔吮和順毛的感覺。

向專業的狗狗豢養者或者造型師詢求建議，如何針對個別品種的狗兒，找出最好的梳理方式。幫狗兒梳理毛髮能使得狗兒倍感寵愛，狗兒會變得聽話又平靜，有時候效果比給食物獎勵還有用。

梳理的麻煩

有些狗兒在被梳理或用毛巾擦拭時，會顯得特別反感。這樣的情況容易發生在狗兒對於階級定位有誤解時，如誰屬於支配地位（見第64頁）。又如搜救犬被觸摸時，看到主人揮舞著梳子或毛巾，容易視其為威脅並產生負面的聯想。更有些狗兒只能由主人來負責梳理，當他人欲接近狗兒並幫牠梳理時，容易讓牠誤以為別人要侵犯牠的身體。狗兒對梳毛這件事如此敏感，可能因為就狗兒肢體語言而言，這樣親密的動作必須建立在彼此信任的前提之下（見第34頁）。缺乏安全感或帶有支配欲的狗兒被梳理之時，可能會緊張逃跑或者發出吼叫的挑釁動作，也許會試圖攻擊或咬緊梳子。

狗兒喜歡讓人把牠下巴糾結的毛髮梳直,對狗狗來說,這是一個自然的社交梳理儀式。

遊戲

狗兒的表達情緒方式是先天和後天影響的混合結果，除了血統遺傳的影響外，與其他狗狗和人類相處經驗，也會改變狗兒表達情緒的方式。雖然狗兒享受與人類同住且生存無憂的生活，但狗兒卻無法因此而擺脫天生的獸性。

一輩子都在玩

不論馴化的結果是什麼，狗兒身上還是帶有影響發育的遺傳因子。以未斷奶的幼犬為例，終有一天會學著以啃咬東西來取代吸吮奶水的行為。但小狗若出生後被迫離開同胎幼犬窩，轉換行為階段就有可能被中斷。該斷奶時無法成功斷奶，日後卻演變為反社會的啣咬或挑釁行為（見 64 頁）。可藉由馴化的過程，讓狗兒學會適應生活而表現同時幼稚又成熟的行為。狗兒在不同的年齡皆能保持著高度的遊玩興趣，便是一個活生生的證據實例。

邀請動作

為了吸引你的注意，狗兒會壓低身體、低頭搖尾、舔你的手，或往你身上磨蹭。

在野外，狗兒也會做出一樣的行為，向高階位或長老的同伴表示臣服，或是藉以向狩獵同伴乞食，期待對方反芻。狗兒也會用鼻子撫摸你，耳朵向後靠，做出順服的表情。甚至將腳掌放在你膝上以求注意。如果前述動作都無法引起你的注意，狗兒有可能暫時離開你身邊並走出房間，不久後帶回東西驕傲地要展示給你看。就像許多狗兒慫恿別人加入競跑和挑戰的時候，會壓低身體做出躬背致敬（Play Bow）動作，你的狗兒也會向家人做出一樣的動作，當作邀請一同遊戲的信號。然而此時，不建議主人順應牠的邀請，因為這麼一來，狗兒就會誤以為牠是家中的支配者，所以主人應該要為主動邀請的那方才對。

上圖：狗兒有可能不情願放棄嘴裡的玩具，這時可以給予狗狗口頭上的稱讚，或是在牠們放下玩具的時候，偶爾給予點心獎勵。

為何狗兒不想玩啣回遊戲？

許多原因會造成狗兒對啣回遊戲感到興趣缺缺。很多槍獵犬有著啣回的本能，但是對於支配欲與佔有欲強烈並想要挑戰主人的狗兒而言，把飛盤交回給主人（就狗狗身體語言而言）帶有屈服的意味。這些狗兒通常會咬著東西不肯放手，或是故意將東西棄置在別處。很多血統和不同個性的狗兒玩起啣回遊戲，會顯得不協調，無法融入遊戲中，但經由食物的鼓勵，多數的狗兒還是變得樂在其中。

有些狗兒可能沒機會學習如何遊戲；有些狗兒可能因為主人或小孩過於粗魯，對遊戲產生負面的印象；有些狗兒則因為初生時與同胞的相處機會被中斷，導致缺乏遊玩的社交經驗。遊戲對於一些過老或過重的狗兒來說，可能太吃力了。

得分遊戲

　　有時候狗兒嘴巴咬著東西會引發一場拔河比賽，牠非得堅持到最後一刻，也就是當牠發現你的力氣比牠大得多的那一刻，才肯放棄嘴巴裡的東西。還有一種情況是狗兒會咬著玩具，或是一個屬於你的東西走到你的面前，然後故意跑走等你來追牠。這樣你追我跑的遊戲其實是一種體能測驗，找出誰才是最快、最強壯、跟最健康的。得分遊戲是提供狗兒收集有關競爭對手訊息的一個管道。在大自然中，這種蒐集敵情方法幫助狗兒得到有用的潛在排名資訊，讓在狗群中的眾多成犬能一較高下、分出地位。

上圖：伴侶犬常做出躬背致敬的動作，作為向其他狗兒或主人的一種邀請。

不當的遊戲

　　快樂又知足的狗兒，憑直覺就知道怎樣與主人互動遊戲才是適當的；不但如此，牠們也能輕易地分辨什麼是開玩笑性的咬、什麼又是攻擊性的咬。雖說如此，梗犬或是戰鬥犬在家中或戶外與主人同玩的時候，常常因為過於興奮而變得過動或是有攻擊性，這樣的情形有可能使得單純的遊戲演變為反社會行為事件。你可以減少拔河比賽這類的遊戲，也避免在狗兒過於亢奮的時候不慎給予獎勵，這樣一來就可以防止這些問題行為的發生。你必須要設立遊戲規則，讓狗兒知道何時何地該玩？如何和你互動才是恰當的。這麼做，狗兒才會把你當作團體領袖。

下圖：在遛狗時，非常適合攜帶飛盤外出，利用飛盤向狗兒示範如何啣回物體。

狗兒與主人和家人發展出不同程度的親密關係。在野外，我們也會發現一樣的情況，狗兒和親生母親和兄弟姐妹，以及其他狗群成員的親密程度也有別。

你和狗兒的關係是否健康圓滿，關鍵因素便取決於狗兒的個性、血統、和早年經驗。

親密關係和情感

家庭角色扮演

假若狗兒新家成員有位成人女性，她便取代了母親的職位。狗兒確立對方性別的方式便由偵測其身上的荷爾蒙如：雌激素的多寡來判定。成熟的女性飼主與狗兒相處初期通常會發揮天生的母性，因此就功能上而言，她們自然便取代了媽媽的角色。在家中，女性飼主被視為領袖母狗；而男性飼主則有可能被看作是領袖公狗或是人類群體裡的保護者。荷爾蒙激素較低的孩童通常都被認為同類幼犬或其他動物幼犬。狗兒初期與家人的關係，便是建立在這些重要因素上。當性別成熟後——除非狗兒已被結紮（見第68-71），對於主人所產生的依賴將會產生微妙的變化。如果性別相配的話，主人可能被視為理想的異性伴侶，即使這種關係無法讓狗兒在生理上得到滿足，但會使得狗兒對主人依賴感增加。

個性和血統的影響

每隻狗兒與主人互動需求的多寡，因不同的個性有所不同。血統中有工作基因的狗兒，則需要更密集的互動跟關注，主人可能只有在狗兒吃飯睡覺、養精蓄銳的時候，才有歇息的片刻。有些飼主鍾愛好動外向的狗兒，認為牠們能使人愉快、個性獨特。然而，對有些飼主而言，持續又過度的活動讓他們大感吃不消。

有些狗兒與過動的狗兒有著截然不同的個性，牠們唯獨對一個人產生情感，對於其他家人的態度，僅止於表面打招呼，或者是為獲得食物才有所互動。這樣的情感關係連結，對於狗兒可能會變得過於重要，終而無法與主人分開（見第114-115頁、第118-121頁）。有些主人渴望狗兒對他們有強烈的依賴感，但有些飼主則將狗兒因為分離所產生的壓力解讀為問題象徵。是好是壞，全然決定於你對於狗兒的期待是什麼。從狗兒角度來看，牠們對於主人的期待比較直接。雖然狗兒活在當下，但牠們也能預期主人

上圖：年幼的狗兒會對主人投以忠誠、不求回報的情感，對於主人投注的關懷照單全收。不過這樣的相處模式，有可能會導致雙方有情感依賴的問題。

何時會結束工作或從學校返家，把分離當作日常生活的作息循環。

過份需求 V.S 忠實關係

需要高度關懷的狗兒，很容易耗盡家人或朋友精力，但不會因此而感到滿足。牠們通常會找出家中最微弱的一環，並順勢利用家人的弱點或仁慈以獲得注意。大膽、機敏、富有生氣、精力旺盛、活潑，這些字眼常被用來形容這一類的狗兒，牠們所接收到關注越多，就變得更需要關注。這種狗兒從不表現疲倦，尤其當牠們試圖不斷地向人類尋求互動的時候。

專屬一人、順從聽話、忠誠，這些字句透露出狗兒對主人產生的特殊情感。這種強烈的情感連結常見於忠實的工作犬和主人的關係中，如：邊境牧羊犬。但也有例外，許多膝上犬，或中小型伴侶犬，對主人也帶著一樣的情感連結。

好奇心

狗兒有十足的好奇心，任何新環境或情況都能讓膽小的牠們感到好奇。狗狗的世界是一個遊樂場，充滿了刺激，偶爾夾雜了恐懼成份在裡頭。試著從狗兒的角度看看這個世界吧！這樣你會更了解你的狗兒。

探索週遭的環境

好奇心並非是貓兒專屬的天賜。一旦踏進你家，狗兒便毫不考慮地表現出好奇心，開始探索家中環境。

對探險的狗兒而言，牠的世界清楚地被區分成兩個不同的世界。

1. **家裡**：同伴（你和你家人）居住的地方。
2. **外面的世界**：新奇好玩、富有生機，但也充滿驚奇險惡的地方。

狗兒會依不同階段慢慢地了解環境。多數的狗兒在尚未接種疫苗之前，多半都留在家中。在狗兒探索過家中每個房間後，在家中所受的訓練足以讓牠們向家中鄰近的環境發展。跟著你在附近散步的同時，狗兒便探查著每一件新奇的事物，包括每棵路樹、路燈，還有其他狗兒或動物剛剛殘留下的體味。狗兒在探索時會運用身上所有的感官，但是會驅動牠探索直覺的主要感官還是嗅覺。看到好奇的東西時，狗兒會先聞聞它、觀察、聆聽它，最終可能會舔舔看或咬一咬。

探其他動物的底

碰到陌生的貓兒時，狗兒的第一個反應可能會是興高采烈地歡迎牠，或者是帶著警備心，有時甚至會頂著肚子匍匐前進——一切產生的反應，是好是壞有賴於之前的經驗來決定。如果對貓兒感到並不陌生，可能會因缺

上圖：好奇心強烈的狗兒會一直尾隨著你，觀察週遭的事物，試圖找到自己在人犬生活群體裡的地位。

乏興趣而不予理會。狗兒會依據先前的相處經驗，來選擇面對貓兒的態度。有可能對著貓兒吼叫，然後看貓兒如何反應；也有另外一種可能是對著貓兒舔吮牠的毛髮，試圖幫貓兒梳毛來向牠新碰面的朋友示好。

除非因為害怕或是早期不好的經驗而產生陰影所致，狗兒通常都感到需要查探對方底細。有可能會追逐草原上的寵物兔子，或是追趕正在覓食的鳥兒。更糟糕的情況，牠們可能追趕家禽，把羊兒或牛群追跑時，還會表現出極度興奮的神情。

雖然這種反應深植於狗兒的本能中，但此舉非常不受歡迎，應該要小心處理這種情況（見第 140 - 141 頁）。

調查其他的狗兒

每當接觸到認識的狗兒，就需要先調查一番。從各方面來看，狗兒的確是天生的社交動物，在進行了簡單的嗅聞和擺出代表性的肢體語言後（見第 28 - 29 頁），彼此就會開始互

聞動作。有時候並非每隻狗狗都喜歡互動，為了避免發生慘痛的衝突，主人應該先要查明清楚對方狗兒的社交能力。然而，當狗兒未帶項圈時，你便無從預先探查其他狗兒的身分。即便是最友善的狗兒，若被其他具有反社交行為的狗兒攻擊時，也會產生出問題行為。有些曾經受害的狗狗，會產生「先跑回家為妙」對策，這使得散步變得掃興。建議這時使用「獎勵的哨聲」（見第 75 頁），鼓勵狗兒在碰到有攻擊性的狗兒時返回你身邊。第一次使用哨子，應該在家外面附近練習，如此狗兒才能把哨聲與碰到外界其他狗兒時的情況做為連結。

潛在危險

家中的紙箱中可能藏納了危險的物品，幼小的狗兒也許會因為無聊而舔舐塑膠杯、容器。所以設置一些「保護安全」的機關，或是將危險的物品放在牠無法觸及的地方。任何有化學成分散布的地方都應該要避免狗兒接近，狗兒有可能因為無意地經過，然後在舔自己身體時誤食毒物。如果不放心的話，可以在每次返家後或是家中有化學物品灑落後，盛一碗微溫的泡沫水幫狗兒清洗腳掌。

下圖：這隻獵犬面露好奇的表情，享受著探查池塘生態特殊的氣味和新奇行為的樂趣。

上圖：這兩隻公狗與母狗相處時，表現得很平靜。狗兒有許多種不同的相處方式，性別則會影響著最初的互動行為。

結紮的影響

結紮可以減少狗兒不當的坐騎動作或是替代性的性交動作，如騎上某人的腿上、抱枕、玩具。在狗兒性別成熟後，不定期激增的賀爾蒙便會引發這種行為。但可以透過主人的細心照料或處罰來制止這種舉動（見第70-71頁）。這樣的行為在母狗身上也很少見，如果發生的話，可能代表著母狗正在向主人挑戰地位。

結紮過的公狗，腦中還是維持男性傾向；移除卵巢的母狗，腦中也是維持著女性傾向。原生性別對狗兒的個性所產生的影響是畢生不變的。

公狗與母狗的態度

公狗和母狗的行為特徵極似，但仍有微妙的差異能夠明顯區分其一。

性別與個性

公狗和母狗有相似的個性。大部分的人都認為母狗比較聽話，也比較少會出現問題行為，所以偏好母狗。但若把一隻脾氣沉穩的公狗與一隻支配慾強烈的母狗來做比較，這個觀點也就不成立了。同樣地，多數人都認為在一對伴侶中，母狗比另一半還忠貞和順從，事實上也有很多公狗有著相同的特質。值得再次強調的是，狗兒是否順從或聽話，關鍵因素在於每隻狗兒獨特的個性和血統的影響。根據動物行為臨床統計數字來看，公狗比母狗更有侵略性，不盡然是正確的看法。公狗的確比較喜好競爭，這也使得牠們喜歡挑戰其他的狗兒。臨床治療數字顯示結紮過的公狗，雖然較少在外覓偶，但還是跟一般狗兒一樣，會表現出反社會的行為。受到深植在身上的母性本能驅使，母狗自然地便流露出關懷，因此對於某些主人來說，母狗也顯得較惹人憐愛。公狗雖顯得獨立自若，但這也不是公狗專屬的特質。

性別差異

不論母狗或公狗都有極高比例的行為受到賀爾蒙及大腦所控制。然而，兩者吸引異性的行為舉止卻天差地別。每隻公狗——未結紮的公狗，可以輕易地嗅查到幾百英呎或英碼以外，有隻母狗正處於發情期。公狗的性驅力非常強烈，有些時候，牠們甚至會無法克制地衝出屋外或花園外，尋覓發情的母狗。受到性慾驅使，尋覓母狗的這個動作只見於公狗。就算母狗對於鄰近的公狗有極高的興趣，卻不會像公狗一樣衝向對方。

身體構造因素

當公狗和母狗發育成熟後，尿尿時候的行為舉止有著極大的視覺差異。公狗會舉起陰莖或抬起後腿，而母狗則以蹲坐的方式。在幼童時期，兩種性別的狗兒都會以蹲坐的方式便溺。當其他多數公狗都在與競爭者比賽誰射得比較高的時候——比賽留下的尿液痕跡高度，有些較晚發育的狗兒還在蹲著上廁所。這種行為被推測成為一種說法，就是狗兒矇騙後來者相信尿液遺跡是由一個很高壯的狗兒所留下的，所以牠們最好知難而退避免佔領牠的領土。還有另一個理論是說，公狗將尿液遺留在母狗鼻子左右的高度，以便母狗經過的時候，聞到這隻優秀的公狗。無論哪種理論成立，你家的公狗上廁所時，肯定會本能地舉起後腳。

下圖：靠著驚人的嗅覺能力，狗兒相互聞著對方以蒐集關於彼此的訊息，包括性別。

4. 幼犬的發育

斷奶期

幼犬剛出生的行為全憑直覺發展。為了生存下去，牠們必須找到最近的乳頭吸吮。

出生後即與生母產生親密接觸是所有哺乳類生物內在的自然反應，但為了繼續茁壯，狗兒必須斷奶，開始學習進食固體食物。

從吸吮到舔舐食物

吸吮和啣咬是幼犬早期發展最常見的直覺行為。新生寶寶睜眼後，雖然看不見也聽不清楚週遭的環境，待母親幫牠們順毛及清理身體完畢後，就會自然地展開尋找乳頭的小小旅程。這段初生時期，也就是所謂的反射期，母親會主動地鼓勵幼犬找到屬於自己的位置。有時，為了不讓幼犬盲目地掙扎，母親甚至會用她柔軟的嘴巴將牠輕柔地咬起，放到正確的位置。為了增加顯著的重量，自出生三到四週後，幼犬需要斷奶，將原來的主食母乳以軟性食物和替代牛奶取代。此時狗狗將從吸吮食物，進而學會舔舐食物來順應飲食方式的改變。

上圖：幼犬可憑著直覺找到母乳的源頭，從早到晚會吸吮好幾次。

下圖：幼犬可以輕易的學會如何舔舐液體食物，然後學會進食半固體食物。

自然的方法

在大自然中，兩週到三週大的幼犬，已經可以看見和聽見這個世界。此時，狗媽媽也無須為了恢復體力而大量進食，便開始餵食幼犬自己咀嚼過的固體食物——通常是經母親反芻過並分解成小小塊似粥糜般的食物。母親咀嚼過的食物，經母親消化系統和唾液中的酵素和細菌分解轉化過後，可以幫助幼犬適應這段從母乳到固體食物必經的飲食轉變過程。這個互動將會穩固地轉換成持續的餵食需求。在家中，育種飼主（breeder），還有後來接手照顧的你，首先可餵食好消化的半溼食物或牛奶，然後再進階到半固體食物，複製同樣的飲食變化，來引導狗兒從舔舐食物到學會咀嚼。

學會咀嚼

　　一旦狗兒養成進食固體食物的規律習慣，從六到八週左右，牠們便學會如何咀嚼。

　　通常狗兒的進食習慣會經歷一段交疊期，有些狗媽媽會因為小狗太早將吸吮動作轉換成咀嚼動作而不堪其擾。正常而言，多數的育種飼主都會在幼犬很小的時候就鼓勵小狗隨著自然的發展，改變進食方式。所以，當小狗住進你家的時候，牠多半已經學會主動積極地舔舐濕軟的食物和牛奶了。當狗兒學會了咀嚼，便開始可以均衡攝取必須的蛋白質、脂肪酸、碳水化合物、纖維質、維他命和礦物質，供給從青少年時期和老年時期所需的養分。隨著乳齒被又大又尖銳的成齒取代，咀嚼能力也會越來越強健（見第61頁）。

若是小狗對食物不感興趣的話，該怎麼辦呢？

　　育種飼主通常會提供一張食物清單，讓你可以繼續餵食狗兒習慣的食物。初期階段可以餵食多樣化的食物刺激狗兒的胃口；記得永遠在運動或遊戲完後，才餵食狗兒。為了獲得能量，狗兒會自然地想要進食，此舉也可以促進狗兒進食後好好休息並消化食物。

下圖：約莫六到八週大，狗兒已學會咀嚼、咬食更多的固體食物，接著你的狗兒會期待每一餐的到來。

上圖：像小孩一樣，幼犬需要規律的嬉戲、吃飯、睡覺，還有與家族成員一起互動。

幼犬早期的行為

幼犬階段的狗兒，有著與成犬同等程度的好奇心和精力。幼犬許多早期的行為都與這兩種觸發因素有關。跟小孩一樣，幼犬明顯地需要充足的進食和睡眠，但在此階段，牠們也藉由攀爬、拉扯、跑步來測試體能，還有不停地探索這個不斷擴大的世界。

幼犬如何看待你？

幼犬對你的看法部分決定於你的性別。如果你是一位女性飼主，在初識時牠有可能會把妳當作母親的替代者。身邊少了母親和兄弟姐妹的陪伴，幼犬有賴於妳的餵食才能找到慰藉。從親密動作和擁抱中小狗可以得到溫暖，但實際上牠更需要妳的引導。幼犬的直覺會告訴牠要更進一步地試探了解這個不斷擴張的世界，但要讓牠更有自信地行動，則需要妳的鼓勵和指引。如果你是位男性飼主，牠有可能將你視作領袖，但自第九至十二週起，當狗兒性徵趨於成熟時，牠有可能仍然視你為首領（Top Dog）並聽從你的指示，抑或是將你視作公狗競爭者，起而挑戰你（見第64-65頁）。

第一次的冒險

接受疫苗接種後，幼犬方能探索外面的世界。在那之前，幼犬只能待在家中，而家裡就是牠冒險遊戲的場所。狗兒的眼睛無法分辨對比色或察覺細節，但是卻可以用來偵測你任何的移動，你經過身邊時所移動的雙腳，或是展現歡迎時所伸出的雙臂都有可能吸引牠遊玩。

除非你將狗兒抱起或放在膝上，否則幼犬目光所觸及的範圍只限於地面上。幼犬首先會在牠的房間展開冒險，並在腦海中留下環境心智圖（Mental Map），然後繼續探索其他獲准進入的鄰近房間。若要通行家中的樓梯或台階這些地方，對於幼犬的體能可能是一大挑戰。幼犬必須在有自信心和體型允許的情況下，才能自在無礙地通過這些地方。

幼犬打招呼的方式

幼犬第一次見到你的時候，如果精神狀況很好的話，牠會開心又淘氣地朝著你飛奔而來。幼犬的身體語言——身體和尾巴的擺動，說明了看到你時，牠有多興奮。正確地教導狗兒看到訪客或是家人時，保持平靜而不會過度地跳躍，就可以確保狗兒長大後不會變成一個麻煩狗狗。有時候，狗兒有可能因為過度興奮而撒出小量的尿液，同樣的，尿液量通常是成熟有自信的成犬會留作氣味標示所用。這種

行為是由純粹的興奮感和臣服感，兩者交錯所引起的。幼犬長大後通常就會擺脫這種問題行為，但也有可能持續困擾著成犬生活。解決這問題的根本方法，就是減少碰面時過度興奮和獎勵平靜沉著的表現（見第 124 - 125 頁）。

下圖：*年輕的幼犬，有著十足的活力和健康的身體，會以興高采烈地方式迎接主人。*

如何判斷幼犬想要上廁所？

你可以大約推算幼犬何時想要尿尿或是排便，通常都是在進食前後，或是在休息睡覺之後。另外一種方式就是觀察排泄前警訊，幼犬會開始嗅聞，或比平常更使力地探查環境，甚至會試圖鑽進家具下方。如果你在幼犬蹲下前發現了這些行為，可以溫柔地將牠移到屋外或報紙上，或是大門旁鋪好的狗狗尿布上。這時候若極力地稱讚狗兒，可鼓勵狗兒日後到同樣的地方排泄。

有部分飼主認為利用響片獎勵的方式（見第 74 頁），即便是在如此早期階段，可以讓家庭訓練變得迅速又有效。這個方法可以鼓勵狗兒養成日後良好的排泄習慣，在公共場合時，這個方法也能幫助你控制狗兒在何時何地小便或排便。

上圖：這隻年輕機敏的幼犬身上的毛髮還十分柔
軟，待身體發育成熟後毛髮就會變得比較粗
硬。

我要如何阻止幼犬不當的啃咬

首先應給予幼犬適當的物品啃咬，如
肉棒、皮骨、為咀嚼專用而設計的玩具，以
解決牠的欲望。若逮到狗兒正在咬著家庭用
品，就引導牠咬別的適當物品，然後稱讚
他。或者是用銅片移除法（training discs）
訓練警告狗兒行為不被允許（見第 75 頁）。
中斷了狗兒不當的咀嚼行為後，應該馬上提
供另一替代品，使牠有其他管道發洩咀嚼欲
望。

右圖：咀嚼可幫助幼犬將幼齒更換成為健壯的恆
齒，記得一定要給予適當的東西讓幼犬啃
咬，像是皮骨或是生骨頭。

體型和知覺的發展

幼犬長大的速度非常快。除非狗兒的血統是玩
具犬或是迷你犬，以一般的幼犬來說，前一分
鐘你還能輕易地把牠舉起，下一分鐘牠的體型
就超越你展開的雙臂了。
在大自然中，幼犬必須快速的成長才能生存下
來。

身體

幼犬生長速度非常快，但依血統不同，
成長速度也有差異。龐大、壯碩、長腿型的
血統，出生後第六週體型顯得頗為瘦長。體
型小的血統，成長速度較緩於大型犬但卻比
較長壽。大型犬通常都精力旺盛，具有運動
細胞，肌肉和骨骼的發育速度一日千里。因
此，飼主需要特別注意不能鼓勵狗兒過度興
奮的反應，否則激烈的遊戲可能會引起肌肉或
骨骼的受損。公幼犬跟母幼犬一樣是以蹲坐的
方式尿尿，當睪丸出現時，代表性徵成熟的那
一刻，賀爾蒙產生了必要的改變（九至十二週
大左右），此後餘生公狗都會以抬腿的方式撒
尿。母幼犬通常在這個時期第一次來經，最初
的徵兆包括持續兩週微量出血，陰部會出現輕
度的腫脹。此時，年輕的母狗會有想生小孩的
欲望，也許會把玩具帶到狗窩裡面反覆舔舐玩
具。

上圖：受到好奇心和學習欲望的驅使，幼犬很快地就能辨識飼料碗被裝滿、被放置在地上時發出的聲音。

毛髮

出生後十二到十四週左右，幼犬柔軟絨毛似的毛髮會變成較粗硬的毛髮表面。你在撫摸狗兒的時候，不難注意到毛髮的質地和粗細逐漸在改變。當有陌生人踏進家中時，你會看到狗兒頸部會豎立成為一圈厚實毛髮。端看狗兒自信心是否足夠，牠也有可能會躬起背部和立起尾巴。這種早期發展出來的身體語言，是狗兒在家庭生活中用來界定地位的方式，也與之後的社會行為有關聯（見第 28-29 頁）。

牙齒

尖銳的乳齒長出的時間介於吸吮期末期與舔舐期初期左右，幼犬開始舔舐一些濕軟和半固體的食物；大約在十二週大左右就開始漸漸地脫落並長出恆齒，直到十八到二十四週為止才全部脫落完。在乳齒未完全脫落前，幼犬會無止盡地啃咬東西，這種自然的行為可以引導成啃咬其他乾淨健康的食物，或者是專為咀嚼設計的玩具。在正常的情況下，當恆齒都長齊之後，幼年的咀嚼習慣就會減少。但有些狗兒也可能會有沉迷於破壞的傾向（見第 148-149 頁）。如果狗兒破壞的對象是家中物品的話，這種行為有可能就與犬科動物壓力有關。

知覺

幼犬藉由不同的暗號線索來適應平常的家庭生活。牠們敏銳的雙耳能察覺到走近的腳步聲、門鈴聲、車子聲、裝著食物的紙袋沙沙作響的聲音、湯匙在飼料碗中攪拌的聲音。在餵餐時間牠們會聞到食物的味道，然後滿懷期待地站在或坐在你的身旁等待。而接受完接種疫苗，可以開始探索外界的狗兒，會迫不及待地急於嗅聞外面的一草一木，或是其他狗兒或動物所殘留下的標記氣味。幼犬也會將你的某些舉止和隨之的活動連結在一起，例如說：當你換上外出鞋、套上外套，即是外出散步的一個線索。如有任何一個出門前的動作會引起狗兒產生過度熱烈反應的話，可以試圖將鎖匙、皮帶、外套和鞋子這些所謂的線索放置在不同的房間，然後再平靜地在不同的時間穿上，即可有效避免狗兒的過度反應。

生長過程

幼犬身體和心理的狀態，隨著不同階段而有所成長。剛出生時必須完全依賴母親的照料，一至兩個月後開始與人類或兄弟姐妹互動，這也考驗著牠的力氣和感官能力。六個月之內，幼犬便具備能力去探索週遭的世界並迎接世界給牠的挑戰。

A　　　**B**　　　**C**　　　**D**

新生階段（A）

幼犬出生時，視力和聽力都尚未發育完全，所以必須完全仰賴母親的照顧來獲得養分。母親替幼犬整理毛髮預防牠們生病，幼犬被順完毛後即會產生便意。此時，母親也會負責清理那些母乳所製造出來的「副產品」。

二至三週（B）

母親會引導幼犬獨自到狗窩或睡處以外的地方尿尿和排便。成長速度快的幼犬在此時已經可以看得見、聽得到週遭環境，也開始長出牙齒，在野生環境中就可開始吃母親反芻過的食物，在人類飼養的環境中就可以開始吃半固體的食物。母親所熟識的人類也可以開始介入照料幼犬，來促進與人類早期的社交互動。這時期的幼犬還沒有信心用雙腳站立而行，但每過一天雙腳就會變得更強壯。

四至五週（C）

幼犬可以自信地行走，視力也越來越清晰，此時，狗兒正享受探索這世界所持續帶來的刺激感。母親會繼續地供給母乳、溫暖和安慰；同時，還會以恩威並濟的方式訓練牠的小孩，尤其當幼犬有過度啃咬或是啣咬行為的時候。如果有任何幼犬跑得太快太遠，母親也會負責把這隻流浪的幼犬帶回群體裡面；母親會確保所有的孩子都留在視線範圍內，直到牠認為幼犬已經強壯到足以宣告獨立為止。

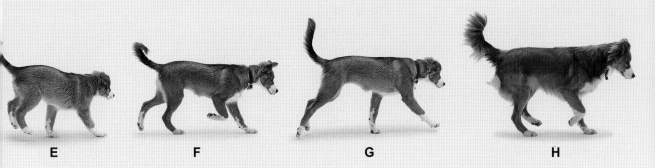

E   F   G   H

六至八週（D）

　　幼犬可全面掌握感官和體能力量並運用自如，並急迫地想要離開母親而獨自探索這個世界。母親可能也樂得輕鬆，趁著難得的機會好好調養身體，彌補照顧小孩和分娩的辛苦。在這早期階段，同胎出生的幼犬寶寶會不斷地互相競爭以適應早期群體生活架構和分出階級。此時，有著整副尖銳的乳齒的幼犬更能享受更多的固體食物。多數的幼犬已準備好接受疫苗的接種。

九至十一週（E）

　　多數的幼犬都能成功地斷食液體食物或濕軟的食物，開心地迎接與新主人的共同生活。此時可以接種第二次的疫苗，然後開始探索外界的世界。牠們運用全身的精力，開始去聞、去舔看到的東西，追趕跑跳，接著休息。同時，受過家庭訓練的牠們已經可以進一步接受服從主人的訓練了。

幼年期（F）
（十二週至六個月）

　　此時的狗兒已被同化並融入牠的新家庭。牠應當聽話乖巧並知道自己在人類群體生活中的地位最小。任何早期問題行為，如不當啣咬、不受控制的跳躍，在尚未變成習慣之前（見第75頁），應該在此時立即矯正。

青少年期（G）
（六至十八個月）

　　九到十二個月時，公狗已達成熟年齡並會抬起腳上廁所；母狗則通常正值第一次發春期（見第60頁）。隨著與日俱增的支配欲和睪丸素，有些狗兒會變得對自己很有自信並試圖挑戰主人。若有看到狗兒為了食物或玩具而吼叫，應該加以阻止。此時若發現任何反社會的行為，都應該要謹慎處理才行（見第64-65頁）。

成人期（H）
（十八個月至終老）

　　狗兒的個性已固定成型，所有血統對體能的影響，荷爾蒙的變化和社會化行為，這三者將協調制衡，幫助狗兒適應未來的生活。俗話說：「老狗玩不出新把戲。」但是，狗兒的問題行為還是永遠有機會被導正，只是越老的狗需要更多的時間來教導（見第112-141頁）。多數的狗兒過了三歲後，體型和重量都會保持在一定的平均範圍內。

上圖：狗兒喜歡和主人來場拔河比賽，來試探自己的能耐。

試探和挑戰行為

遊戲對於狗兒的日常生活很重要，但更重要的是主人懂得如何控制狗兒，決定何時該玩、如何進行。另外一點很重要的是，別讓狗兒對玩具有太高的占有欲。

測試力氣

幼犬把玩具帶來你面前並丟在你腳邊或膝上，代表著牠想主導一場競賽遊戲。

狗兒最喜歡挑戰的遊戲就是用咬力和拉力來與你的對抗力一較高下。想分出誰勝誰負，最簡單的方法就是藉由一場拔河競賽來分勝負。雖說在這個階段，你力氣還很足夠，尚能贏牠幾回，但隨著每天的成長，狗兒的力量也會越來越強，有天也許會打敗你。狗兒會將玩具擺在你面前，然後將頭兒別開，以這種方式邀約對方參加測試力量遊戲。不管主人是不小心地或是故意地把手中的玩具放掉，對於帶著戰利品而跑掉的狗兒來說都意味著：這場戰爭，牠贏了競爭對手。這樣一來，狗兒可能會增加挑戰次數，因為成功經驗讓牠變得更有信心。

爭奪領導地位

如果你將球丟向一個有挑戰意圖的幼犬，牠很有可能會向著球跑去，但把球追到時，有可能會故意不歸還給你，甚至會把球丟向另一方。這種情況代表了狗兒正在挑戰你的領導地位。如果他因為食物或玩具而吼叫，或是有過度的占有欲，是因為牠想表現自己的競爭能力。另外一點也可以觀察出幼犬好勝的心態，

幼犬喜歡找尋有利位置，比如說台階的制高點，或是跳上沙發。這樣一來牠就可以跟你一樣平起平坐了。牠也會搶先一步試圖推開走廊門或是大門。這種行為被解釋為支配欲和尋求階級分配的表徵，而且需要有人正確地糾錯指正。

其他問題的徵兆

有些時候，可從非常微妙的事件中觀察出幼犬的挑戰行為。比如說幼犬長期拒絕配合聽話；在車上或是在散步時，對於你的呼應不予理會。最明顯的一點就是幼犬選擇性地回應你的招喚。當幼犬的腎上腺素水平（興奮感的影響、激增、體認）達到最高點的時候，就容易發生問題行為。這些時刻通常在外出散步前一刻，或是客人抵達和準備離開的時候。

下圖：即使小如迷你型血統的狗兒，也會試圖緊咬不放嘴裡的球來挑戰主人的地位。

問與答：挑戰行為

為何有些幼犬會出現挑戰行為？有些卻不會？

研究顯示造成幼犬會產生挑戰行為，主要於幼犬時期（litter stage）就已經埋下種子。在出生後八週的幼犬時期，若經歷過生病、被疏於照顧，或者被人類、母親、兄弟姐妹、其他狗兒冷落過的話，這些都會引起幼犬的反社會行為。

該如何處理挑戰行為？

如果狗兒不聽你的指示，也不願意放下嘴裡的東西。可以用會出聲的玩具或是使用哨子轉移狗兒的注意力。然後把狗兒叫來你身旁，並輕拍獎勵牠乖巧的行為，也可以使用響片訓練來教導牠放棄嘴裡的東西、回應你招呼和坐下指令。在遊玩後，幼犬若想爭奪你手上的玩具並吼叫，可以在別間房間利用聲響裝置（或是鋼片移除法，見第75頁）來移除狗兒的注意力。當幼犬注意力被轉移後，將牠留在那個房間，你就可以把玩具收起來，讓玩具不再出現在幼犬的眼前並確保一切都在控制當中。

要如何確定狗兒將我看作團體領導？

只有你主動的情況下才給予幼犬注意力，而不是反其道而行。這包括了在走道走路時，誰該走在前面？誰又該先吃飯？所以在準備餵食幼犬之前，就算你的吃飯時間還沒到，也要假裝你在吃牠的飯。同時，也要禁止幼犬和你一起坐臥在沙發上，以避免牠想在此提高自己的地位。在散步的時候，如果幼犬試圖拉著你走，先叫牠停下來然後坐下才能開始繼續往前走，這樣子狗兒就會知道，拉著你跑代表了停止，行為檢點就代表可以繼續前進。

左圖：狗兒喜好偷走主人的衣物，如：主人的鞋子，因為上面殘留著主人的味道，而味道使狗兒聯想到人類團體成員。

偷竊行為

幼犬會憑著直覺好好地利用每次混亂的機會趁機搗亂，比如：當有未預期的訪客到訪，或是當牠發現你或家人朋友身體虛弱的時候。這些行為並不是出於卑劣的心態——依人類的心理而言。幼犬只是想要得到牠想得到的東西，為達目的而無所不做。

搜尋機會和目標

搜索和「尋獲而滅之」的行為常見犬類，尤其是獵犬種類配種過程中，這可是刻意保留的珍貴遺傳因子。幼犬無法推算何時何地，以及為什麼會有興奮的事情產生，但是每當發生了，狗兒都能憑著直覺好好地把握機會加以運用。幼犬主要搜索和偷竊的對象通常是廚房中或客廳中沒有人看管的食物，也有可能是無法食用的物品，十大排名包括：球鞋、皮鞋、拖鞋、內衣褲、襪子、毛巾、手帕、衛生紙、手機、遙控器。這幾個物件有一個共通點，就是它們是你每天握著、穿著的東西，當你碰觸它們的時候，你正在留下身體的氣味在上面。你的狗兒可能會把它們咬著然後跑走，有些情況下，牠們還會跑到你面前，希望你會為了拿回物品而追著牠跑。

獲得獎勵

碰到上述情形，幼犬只是一個想要獲得注意力的淘氣孩子，或者只是為了與你和家裡的客人有所互動而故意調皮搗蛋。偶爾，幼犬可能會上演一場誇張的戲碼，惹你惱怒、使你感到無奈。這樣就更讓狗兒得逞了。有些幼犬會自然地挑戰主人來奠定自己在人類團體中的地位。

問與答：尋求主人注意和搜尋機會

該如何處理幼犬偷竊的行為？

當發現狗兒咬走物品時，千萬不能追著牠跑或者是要求牠歸還物品，讓事件演變成一場遊戲，因為你的反應就代表了你已經加入這場遊戲。此時永遠要說「不行」，或者最好用銅片發出聲響——狗兒在之前就被訓練將聲響與食物被移走兩件事連結在一起，讓狗兒知道你因牠的行為感到生氣（見第75頁）。然後，當狗兒走向你的時候，就運用聲響訊號，如：哨聲，讓聲響與獎勵和食物獎賞做為連結（見第75頁）。此時，邀約狗兒遊戲可以轉移狗兒的注意力，將球彈向牠或是到另外一個房間利用玩具發出聲響，能更快地得到牠的回應。為加強印象，可以故意將一個不適當的物品在狗兒的眼前，當狗兒跑向物品時，即利用銅片發出聲響，使得狗兒能將不當的行為和銅片的聲音產生聯想。往好的方面來看，你可以利用藏玩具或食物的遊戲訓練狗兒天生的尋回技巧。

狗兒知道我生氣了嗎？

不讓狗兒天生的行為使你生氣或挫敗是很重要的，要記得你可以隨時從心理方面著手，轉移狗兒的心思、分散牠的注意力，將情勢轉移成你可掌控的局面。

最好的方法是使用銅片移除法（見第75頁），然後再使用獎勵哨聲（見第75頁），或者拿出狗鍊，或用食物袋發出沙沙聲轉移注意力。如果這些方法是無目的性地而不是直接使用於幼犬的身上，狗兒會自願地聽話走向你，因為他想要與你互動。

許多工作犬都喜歡尋回主人的所
有物,但須特別注意,別在這個
時候給予狗兒任何回應,讓狗兒
認為這種行為是值得獎勵的。

上圖：六個月大左右接受結紮手術的幼犬，受結紮的影響會小於那些年紀較大才結紮的狗兒。

結紮

基於健康上的考量，獸醫界曾掀起一股風潮，在狗兒幼年時，就幫牠們實行結紮手術。但是現在也有許多成犬，因為有問題行為，而須接受結紮手術。總體而言，結紮手術的功效並不一定顯著，而且有可能會引起更嚴重複雜的問題產生。

對公犬和母犬的影響

一般而言，公犬接受閹割的適當時期，大約在出生後六個月後；而母犬則是適合在第一次發情期之後接受結紮手術。對一個訓練有素的外科獸醫師來說，公狗的結紮手術過程並不複雜，幫母狗進行結紮手術則較為複雜困難，尤其是當手術牽涉移除像卵巢、輸卵管、子宮此類的生殖器官的時候。結紮手術對於公狗的影響通常比較顯著直接。公狗的睪丸激素會減少，同時也會停止流連街頭尋覓母狗。不然這樣的行為會造成很大的困擾，因為公狗可以輕易地嗅察到遠方發情的母狗，如果風向幫忙的話，狗兒甚至可以聞到幾公尺以外的母狗。此外，公狗也會停止任何不當的騎乘姿勢（見第70-71頁）。結紮過後的母狗會減少替代性築巢行為。荷爾蒙改變後的動情週期，母狗會開始在家中的角落挖洞，然後尋覓、鳴叫求偶；這個時候母狗也已經準備好和異性交配了。同時母狗也會表現出保護行為，這可視作為一種母性的侵略行為。

右圖：這些幼犬正展現著日漸發展的攻擊欲望，結紮手術雖然不能降低侵略性，但卻能有效地避免狗兒隨處交配。

問與答：結紮手術

結紮會讓狗兒變得較無傾略性嗎？

狗兒的侵略性和拚命或逃命反應機制須依賴腎上腺素的刺激（見第 24 - 25 頁），雖然結紮是解決公狗侵略性和支配欲的首要選擇，但是結紮卻不能減少狗兒腦中腎上腺激素的多寡。結紮過後的狗兒仍然會表現出許多侵略的行為，包括：占有行為、同類狗兒間侵略行為。相同的荷爾蒙影響也見於母狗的身上。一般相信，當母狗性徵成熟後（約六到十二個月左右），因害怕而產生的侵略行為，通常需要更高程度的雌激素和睪丸激素刺激才能激發出來。再次證明，即使結紮後，母狗在害怕時還是會產生侵略反應，也仍然保有母狗彼此間的侵略性。

結紮有什麼健康上或實質上的幫助嗎？

結紮有許多好處，主要可從健康的觀點出發來看。一般認為結紮過的狗兒壽命較長，而不利的地方則是體重可能會增加，還有精力會隨之減弱。有些公狗有睪丸不會落下的情況，此時結紮手術還可以避免這種情況引發其他的併發症。同時，有說法指出，結紮手術能降低生殖器官和乳腺相關的癌症發生機率，但此觀點仍有待商榷。對於家中擁有兩種性別的狗兒來說，結紮手術能夠有效避免狗兒意外地交配，母狗幾乎不會出現替代性的築巢行為（詳述如上），而因荷爾蒙改變所產生的母性驅動力也會因為結紮手術而完全改變。

是否建議先讓母狗生完小孩後再結紮？

從身體上或心理健康的觀點來看，都沒有證據顯示母狗必須生產並孕育小孩。許多母狗雖然沒有機會交配或是生個一窩的小狗，仍然可以過得健康又滿足。

上圖：當到達性別成熟時，每一隻狗兒，即便是這隻幼犬都有可能做出不當的騎乘動作。

替代性性行為

看到狗兒對物品做出不當性行為動作的時候，人們都會產生錯誤迷思，以為起因是狗兒有性方面的挫折。一般人誤認為讓公狗正常地交配或讓母狗生一窩小狗就是解決之道。事實上，世界上有百萬隻沒有美滿犬類交配經驗的狗兒，卻也不見得有不良的性行為。無論是公狗或母狗，當性徵成熟後，都有可能發展出不當的騎乘動作或者是替代性的性行為。家中有訪客的時候，狗兒見到人們相互打招呼，包括擁抱、親吻、握手的身體接觸，狗兒的興奮感會激增、活絡了起來。人們在進行打招呼的過程中，狗兒也自然而然地會變得興奮不已。

荷爾蒙的激增

性行為這種深植內在且受基因掌控的行為，受到許多不同複雜錯綜的因素影響、觸發。所有犬類（包括公狗和母狗）當中，最為人熟知的影響因素，就是當性別成熟後體內激增的睪丸激素和雌激素。狗兒性別趨於成熟的確切時間點，隨著犬種的差異，時間點也不同，小型犬較早達到性成熟，大約在七個月左右；而大型犬到達性別成熟點的時間較久，可長至 12 個月。有些獨特的狗兒在身體發育的早期階段，可能會因受到不尋常激增的荷爾蒙影響而產生反射（自動）行為，觸發交配行為或者是騎乘行為。若此時狗兒身邊沒有其他的狗兒可以練習或者是交配，身邊的主人或客人（被狗兒視做人類犬類群體的成員）便會成為狗兒發生正當性行為的宣洩出口。因為狗兒和人類體型的基本結構不同，狗兒做出性行為動作時，最方便接近又明顯的部位就是人類的腿部。

挑戰案例

狗兒這種替代性的性行為問題，可能發生於公狗，或者有強烈支配欲的母狗企圖向女性飼主挑戰領導地位的時候。母狗顯露出宣示行為的時候，可能藉由搶奪食物、玩具，或者是用身體做出騎乘動作，如騎在沙發、樓梯，或地板上。

過度刺激

狗兒會有替代的性行為起因，可能與幼年時期腦部掌管性發展的區塊受到太多的刺激有關。也有可能是因為，幼犬還在母親懷孕期間，就受到懷孕過程中激增的荷爾蒙所影響。另外，狗兒的性衝動也可能是因為幼年成長時期的啟發或學習而來，身旁的公狗，可能傾向於在幼犬的注視或身體接觸的情況下，反覆地做出騎乘或交配動作來宣示領導權。

上癮的因素

促使狗兒迷戀上替代性性行為的因素，就是在過程中身體會同時釋放出如：多巴胺（在發生前即釋放）和血清素（舒服的感覺），這類屬於感受回饋的化學因子。這類荷爾蒙會先帶來的刺激感（先回饋掌管愉悅的腦部中心），接著狗兒才會做出反射的騎乘動作。

人類和犬類的影響

可想而知，狗狗的替代性性行為必定會受到主人高度的注意。狗兒顯露騎乘行為的時候，人們可能會責備、嘲笑，或者是對著狗兒吼叫。在狗兒幼年階段的短短幾個月當中，人類與狗兒的互動、介入的行徑，或是投注的注意力，都有可能促使及強化激起狗兒性衝動。另外，狗兒若想要在人類或犬類中展露攻擊能力，或在同胎群體中，以及向家中另外一隻狗面前展現強烈支配攻擊能力，也會做出替代性的性行為動作。

下圖：狗兒會藉由騎乘行為來確立自己的領導地位，或者藉著跨站在對手的身上來確立地位。

訓練狗狗

如果你家的狗狗聽話、平靜、又受管教的話，牠一定很快地就會成為每個人的好朋友。訓練幼犬通常都很簡單容易，但訓練巨大又威猛的犬種，可能會是一項較具挑戰性的任務。

創造連結印象

在早期階段，就可以教導幼犬「過來」（come）的動作。從你叫牠名字時，狗狗可以從你熱情的語調中，聽出來你是因為牠的緣故而感到開心。你也可以試著熱情地撫摸牠或是輕拍牠作為獎勵。如果你不斷地讚揚牠，狗兒就會把「過來」這兩個字與獲得的讚美和注意力作為連結。這時候，你就可以開始著手訓練牠一些簡單的技能了，但必須謹記狗兒實際上並不真正理解字面的意思，而是將你的聲音，聯想到相關的事件和行動。當狗兒聽到散步的散字，就算狗兒的頸部都還沒被綁上項圈，狗兒馬上就能辨認出ㄙㄢ、這個字的聲音，然後與散步產生聯想。

問題的幼犬

成天只想要找麻煩的幼犬，可能不聽命於你任何的指令而去做其他的事情。這種情況，美味的小點心就可以引誘幼犬來使牠聽話。假若你呼喊「過來」的時候，狗兒不予理會，你可以試著走開——這不是狗兒所預期的反應。倘若訓練過程實為艱難，可以利用點心當獎勵、響片訓練，或是哨聲獎勵訓練，來引導狗兒聽話。

加深印象的撇步

壓低聲音叫狗兒坐下的話，狗狗會對你更言聽計從。如果你手拿著食物並高高舉起，想要品嚐的狗兒自然會坐下。這時，就是你說「坐下」並誇讚牠、給牠獎勵食物的最佳

上圖：狗兒聽話的時候，別忘了要給牠個正面肯定，口頭上給予讚揚或是拍拍牠吧。可幫助狗兒更欣然地接受各種訓練。

時機。抓準時機獎勵狗兒，當狗兒再次聽到「坐下」的時候，會表現得更積極。要是狗兒不聽話的話，可能就是在反抗你的管教（見第64-65頁）。為了想要知道你的需求，狗兒隨時都在觀察你臉部的表情，所以訓練狗兒時，記得加上手部動作，輔助說明指示：

來吧：把手揮向自己，或是輕拍膝蓋。

坐下：面對狗兒，平舉手在半空中，手心朝下。

趴下：手指向地面，然後把狗兒拉下，由坐變成躺。

往前走：手指向前。

跟上、停下來：將手放在大腿側邊，或是制止住狗兒。

帶領訓練初期，可以利用食物點心當誘因，來介紹幾個動作如：靜止、坐下、跟上、暫停。散步的時候，如果狗兒沒有緊跟在你身邊並試圖想拉著你走，你必須將狗兒拉回身邊，然後以堅定清楚的口吻對著牠說：「跟上」。一旦狗兒停下，指令一聲「坐下」，如果狗兒不坐下的話，就不能繼續向前走。如此一來，你的愛犬就會知道拉著主人走是不被允許的，牠必須聽你的話。

正面鼓勵

訓練的過程越開心，狗兒就越能學得最快最好。要是狗兒感覺你不開心或是失望，就會降低牠學習的意願。想要讓幼犬了解一項指令，可能要試個好幾回才能成功。狗兒可能無法理解你每個指示，而你的不悅神情和失望表情，只會加深牠的疑惑。只要狗兒給予正確的回應，就給予點心、口頭肯定，或輕撫狗兒作為獎勵。切忌不要對著狗兒大吼大叫，或摑打狗兒。這些舉動在狗狗的社會裡，代表著衝突的發生，隨之招致的是狗兒的不信任、惡劣行為，或者是緊張不安。記得永遠以明快、低沉的聲音說：「不行」，或是以銅片移除法（見第75頁）制止狗兒的惡行。

我應該帶幼犬上訓練班嗎？還是在家訓練即可？

狗兒訓練班可以幫助幼犬融入群體生活。好玩、又有報酬性質的課程，可以讓你和狗兒明顯受益。然而，即使只是在自家後院訓練，透過「你丟我撿」的遊戲，也可以達到相同的訓練目的。

下圖：只要有點心獎勵狗兒的良好行為，狗兒都能樂在訓練中。

上圖：德國牧羊犬佩帶著香茅油噴霧項圈，由掌上型遙控器啟動裝置，中止狗兒的不良行為。

行為訓練器具

訓練課程中，可藉由許多工具讓狗兒理解良好行為會獲得鼓勵。行為失序時，將會受到懲罰，最後達到改善及克制狗兒不良行為的目的。

遙控噴霧項圈

遙控噴霧項圈是一種反制裝置，在狗兒不聽話時，藉由項圈噴出刺鼻氣味，讓狗兒將行為跟氣味產生聯想。按下遙控按鍵1，項圈會先發出一聲警告聲響，若狗兒不予理會，按下按鍵2、3，項圈便會發出或長或短的刺鼻柑橘味。很快地，狗兒就會將不良的行為跟難以忍受的氣味聯想在一起，而停止重複同樣的行為。大部份氣味項圈的遙控範圍可達三百公尺左右，以控制任何狗兒不受歡迎及逾矩動作

響片

響片，單單只由一個如拇指大小的塑膠片和金屬薄片組成。按下時會發出兩次聲響。用於誘發狗兒將新行為與美食、獎賞產生連結，加強良好行為的美好印象。

響片訓練是一百多年前俄國生理學家巴甫洛夫依據古典制約理論，針對狗兒在不同條件下的唾腺反應所推演而來的訓練。在實驗中，巴甫洛夫讓鈴聲與餵食動作在狗兒大腦中產生連結，這樣的認知對狗產生很大的影響，爾後，每當狗兒聽到鈴聲，即便沒有看到食物實體，大腦會自動訊息分泌唾液，久而久之，聽到鈴聲即代表看到食物。同理可證，響片的聲響被植入腦海，不論你在家裡或者外出散步，狗兒就算沒有被餵食，還是可以藉由響片的引導而表現得宜。

建議初次使用響片的飼主，可在家裡或庭院中展開訓練。呼叫狗兒名字並且給狗兒坐下的指令，當狗兒坐下的同時，隨即敲響響片，

接著送上點心作為獎勵。訓練初期，可用點心（可口小塊碎肉為主）與聲響作為獎勵連結，漸漸地，可以以輕拍狗兒來取代食物。或是以口頭上獎勵：「乖孩子」、「乖女孩」、「好乖」。為了要維持記憶連結不間斷，記得在每天要把食物送上狗兒面前之前，按一下響片來加強印象。

獎勵的哨聲

訓練狗兒專用的哨子，使狗兒聽從你的指令。有些飼主喜歡用有聲哨子，有些飼主喜歡使用的哨子所發出的哨聲是人類聽力無法分辨、唯有狗兒才聽得到的高頻哨聲。如同響片的使用方式，剛開始就要讓哨聲與食物獎勵做個有效連結，獎勵時要記得給予很多鼓勵和關心。主人應該在幼犬向外探索的初期，在家中附近或花園不定期地使用哨聲，這樣狗兒才不會誤把哨聲與某種特定的事件聯想在一起，例如：散步、客人來訪、每天的用餐時間。試著在四下無「狗」的房間內吹出哨聲，當狗兒聽到哨聲走向你並坐下的時候，務必要好好地獎賞牠一番，難得吃到的食物、撫摸、口頭上的讚揚，或是短短的尋回玩具遊戲。每個良好表現之後，都可以響片預告，然後再給予食物獎勵。經過這樣的訓練，狗兒就會認定只要對哨聲有所回應，就會聽到響片的應許，代表有食物可吃了。

銅片（Training Discs）

為已故的約翰・費雪爾（John Fisher）先生所研發，現今稱做為銅片移除法（Mikki Dog Training Discs），由五個鈴鼓般，直徑約五公分的銅片所扣在一環組成。輕輕地搖一下，就會發出非常獨特的聲響。有別於響片的功用，銅片的聲音訊號是在獎勵被移除的時候使用，用途恰好與響片完全相反。只要狗兒將銅片的聲音與抽走食物這兩件事聯想在一起，就可以好好運用銅片移除法對付狗兒的過度彈跳、吠叫，以及攻擊咬人的惡行惡狀。

下圖：響片聲音使狗兒聯想到食物。狗兒聽話的時候，家中每個成員都可以用響片發出訊號，來告訴狗狗：「你好乖」。

5. 居家生活

上圖：狗兒會佔領最靠近主人的位置，等待主人餵食，帶牠出去遊玩、散步的機會。

互動模式

群居生活的狗兒期盼與你互動。只要你有充沛的時間和體力，便能滿足狗兒各種的需求。狗兒對家中小孩或老人可能有差別待遇，因為狗兒知道那些人都不太可能滿足牠生活基本的需求。牠想獲得注意力的對象，通常都是那些平常固定餵牠和陪牠散步的人。

需要人類的注意

狗兒的腦中天生寫有適應群體生活的程式語言，也許這就是為何世界上成千上萬的狗兒可以和人類建立美好關係的秘密。你的愛犬必須在群體生活成長，而人類的居家生活與犬類群體社會架構有著許多共通點。每個家庭裡，通常有一或兩個主人，也就等同於犬類家庭裡的領袖公狗和領袖母狗。家庭中的成員，有老有少、有男有女，同在一個屋簷下吃飯、睡覺和生活。狗兒也會在熙熙攘攘的家庭生活中，找到自己的地位，試圖生存下來。在家中，狗兒可能會繞著你打轉，在你返家的時候奔向你。你才一坐下，牠馬上就趴在你腳邊。如果你同意的話，牠還會和你一起躺坐在沙發上。

藉著玩具來尋求互動

只要狗兒咬起一個玩具，就在玩具上留下氣味，所以玩具就成為牠的所有物了。如果客廳裡散落著這些玩具，狗兒通常會撿起自己最喜歡的一個來向主人致意。

如果你在狗兒還沒撿起玩具之前，撿起其中一個玩具，狗兒就會對那個玩具產生興趣。在主人與狗兒微妙的競爭關係中，狗兒會試圖要占有主人的物品，因此可能會引發一場爭奪占有權的拔河戰。當你專注於生活中某件事情的時候，狗兒可能會帶著玩具突然出現，並將玩具丟在你腳邊或是膝上。這是因為幼犬時所留下的記憶告訴牠，在這種情況下主人通常會和牠互動。有些狗兒對玩具有占有慾，為了避免家人侵占牠的玩具，會將玩具藏起來，或是故意用這種方式來挑戰主人的領導權（以力量來衡量，見第 64-65 頁）。

上圖：對於善於獵捕的獵犬而言，啣咬玩具是再自然不過的行為了。狗兒會利用這個方式引起主人的注意。

問與答：尋求注意

我要怎樣避免狗兒隨時咬著玩具，來企圖獲得注意力？

碰到這種情況時，只要忽視所有狗兒尋求注意力的手段，就可以減少此情況的發生。除非狗兒撿起你指定的東西，否則不可給予回應。但若狗兒聽從命令撿起後，馬上又丟下玩具，必須停止理會狗兒。這樣一來，狗兒才會學會咬起不放才是吸引你注意的方式。避免把玩具當作互動的媒介，以免狗兒將玩具和競爭聯想在一起。而一個適當的玩具一定要方便狗兒咬起和攜帶，這樣可以避免狗兒為了獲得注意力，去啣咬其他不當的替代物品。最後，記得將其他所有狗兒的玩具收納在同一個箱子裡面。

狗兒尋求注意力的行為，是在暗示牠需要的更多嗎？

有些狗兒會以為不合群、不正常的行為可以獲得主人的注意。如果家人給予回應，更是加強了狗兒的印象。尋求注意力的行為，有時候是異常興奮的行為，像是啃咬、抓傷主人。其他狀況而言，狗兒可能會咬自己的尾巴和腳掌，或者做出沉溺於重複的強迫行為，例如：追著尾巴跑、持續性吠叫、過度地舔著身體。（見第 148-149 頁）。

上圖：狗兒奮力地搖動尾巴討客人歡心，也互相競爭爭寵。

迎接訪客和登門拜訪

在禮尚往來的世界裡，我們歡迎朋友造訪我們家，也喜歡拜訪別人，狗兒也不例外。每當有賓客造訪，都會引起一陣騷動。不同個性的狗兒都有著不同的反應，個性外向的狗兒會大方地迎接客人，而膽小害羞的狗兒剛開始則會躲在角落。拜訪別人的時候，對狗兒來說也是和其他人互動寒暄的好機會。

熱情地打招呼

狗兒希望參與主人的社交活動，成為人類團體生活中的一份子。當有客人來訪，為了不讓客人搶走了自己的丰采，狗狗會竭盡所能地來獲得注意力——努力地搖尾擺臀、舔客人的手，或是叫個幾聲，有時候甚至會興奮地跳起來。

對於每一個常見的訪客——即便是久違的好朋友來訪，狗兒都一律以熱情的方式歡迎他們，因為狗兒把他們當家中成員的一份子。狗兒會耐心等待客人就坐後，獻出牠最心愛的玩具作為邀請函，邀請客人一同遊玩。這種行為就像是狗兒在野外狩獵時，定位獵物的行為——一個對團體貢獻的行為。在野外，狗兒找到獵物時，不會把獵物吃掉，反而是在獵物身邊等候主人出現，再把獵物獻給主人。這種行為，在人類馴化狗兒的過程中，經過血統配種的方式被保存了下來。

探索新樂園

拜訪朋友的家時，狗兒有機會一探別人和其他寵物的居住環境，就像是到了樂園探險一樣。在進入別人家時狗兒會顯得格外興奮，這可能是因為在路程中，就已經醞釀了高漲的情緒了。抵達別人家後，狗兒便等不及要聞聞看屋內和花園的每個角落，然後在別人的家裡留下大小便作為標記。如果狗兒聞到別人飼養寵物所留下的氣味，也會毫不客氣地企圖用自己的尿液蓋過牠們的氣味。

我要如何掌控狗兒對客人熱情的程度？

只要在家事先排練好客人來訪的情況，就可以有效地改善狗兒面對客人、其他家人，或陌生人過度熱情或過於害羞的情況。邀請朋友扮演訪客的角色，安排一個適當的時間按鈴拜訪——要注意這位朋友不能害怕接近狗兒。製造機會來訓練狗兒的反應。

1. 一聽到門鈴響時，就吹哨聲作為訊號（用於平常的訓練中，讓狗兒聯想到食物、嘉獎、和輕拍撫慰的一種獎勵哨聲，詳見第 75 頁）。

2. 呼喚你的狗兒並指導牠坐下，當牠做出回應時，就用點心獎勵牠；並讓狗兒習慣這一連串的反應。

3. 如果狗兒反應過於激情而無法控制，試著用狗兒專用的門閘作為阻隔以和緩牠的情緒。

4. 重複操練客人來訪時的動作，讓狗兒學會乖巧地坐下。這麼一來，當真正的客人來訪時，你就可以從容地迎接客人，而不用急著先安頓狗兒到另外一個房間了。

5. 試著讓客人用點心嘉許狗兒平靜的態度。但如果餵狗兒吃東西，反而讓狗兒更興奮，盡量改以響片（響片可以讓狗兒聯想到食物；見第 74 頁）的方式來鼓勵狗兒。

下圖：到達一個陌生的地方所做的第一件事情就是尿尿留下氣味標記，警告後來的狗兒這是我的地盤。

上圖：大多數的狗兒在你丟我撿的遊戲中都能表現優異，但是少數的狗兒會故意挑戰主人而不歸還物品。

玩具

玩具之於狗兒，就像是野外生活中的獵物殘骸
── 一塊骨頭或是一小片獸皮，在居家生活
中很多東西都取代了殘骸，而且更耐咬耐用。
要讓玩具發揮最好的功效，就要好好控管玩具
而不能讓狗兒任意玩耍。

如果狗兒不喜歡你丟我撿的遊戲，該怎麼辦呢？

有些狗兒對於你丟我撿的遊戲較有興趣，而對於那些興趣缺缺的狗兒，但經過耐心引導和鼓勵，狗兒最終還是會樂於奔向玩具並撿回給主人的，像是追回硬球、骨頭、啞鈴、飛盤等。狗兒撿回玩具時，馬上指示狗兒坐下並放鬆咬嘴中的玩具。如果狗兒依照命令歸還玩具給你，先好好地擁抱狗兒一下，然後告訴狗兒坐下等待獎品，獎品可以是輕拍狗兒一下、言語獎勵、小零嘴，或是綜合三種方式一次獎勵。只要你已經用你的熱情打動狗兒撿回玩具了，即可用獎品來誘導狗兒繳出玩具換取獎品。

咬回玩具

多數的獵犬都曉得用咬回玩具的技巧來討好主人，就像是在狩獵時咬回獵鳥一樣，是一種顯性的替代行為。當狗兒熱情地將玩具送到你身邊時，牠正想要討好你並與你互動。

掌握玩具的使用權

玩具在狗兒的生活中扮演了極為重要的角色，妥善運用玩具更可使你和狗兒的互動更加有趣。但是，有些狗兒會霸占玩具（向接近玩具的人吼叫）來考驗著你的領導地位。或者，在你沒空搭理牠們時候，利用玩具來吸引你的注意。

如果狗兒想要測試你的體力，就會想要和你玩一場拔河遊戲來一較高低。這種爭奪玩具的遊戲，只能偶而為之。尤其當狗兒有過動或攻擊的傾向時，這樣的遊戲只會變相地鼓勵狗兒考驗測試你的力氣。一般的戶外活動，像是：丟飛盤或是丟球的遊戲也建議不要超過五分鐘。

考驗嗅覺的遊戲

　　許多嗅覺靈敏的犬類都喜歡追查氣味的遊戲，例如：尋血警犬、達克斯獵狗（臘腸犬）、米格魯獵犬、巴吉度獵犬，都能陶醉在追查氣味遊戲裡。

　　最初向狗兒介紹物品時，可利用單音節來命名物品（尤其是新的玩具），例如：球（代表球類）、盤（代表飛盤）、熊（代表泰迪熊），來幫助辨識不同的物品。然後，將氣味濃郁的食物塗抹在指定尋回的物品上面以作為標記。接著，將不同的物品同時拋向遠方並喊出你要狗兒撿回的物品。如果狗兒達成任務找回指定的物品，馬上大聲地喊出「好棒」

並壓下響片（見第 74 頁）。要是狗兒撿回錯誤的物品，輕聲地告訴狗兒「不對」並鼓勵狗兒再接再厲。這樣的遊戲，能讓狗兒依詢你的指示做出正確的判斷。要記得，考驗狗兒的智力而不是體力。依照同樣的方法，你可以將不同的衣物以一直線排列的方式放在地上，然後在其中一件留下身上的體味。教導狗兒安靜地坐著等候你的指令，待你一聲令下，狗兒才能起身尋找目標物。同樣地，當狗兒找回正確的衣服時，記得好好地表揚和稱讚狗兒一番。

下圖：梗犬最喜歡展現牠們氣味辨識的能力，這隻蓄勢待發的狗兒已經準備好在坐墊當中尋寶了。

上圖：警告性的吠叫是一種保衛領土的行為。在野外，狗兒發出吠教叫聲來告知同伴（或者是被視為領袖的你）要提防危險。

標記地盤和吠叫行為

狗兒會在散步的路途上，或是家中的領土上留下排泄物來告訴其他的狗兒：這是我和我家人的地盤。在家的時候，如果聽見狗兒在吼叫，牠可能是在警告你：不太對勁，要小心！

占領地盤

散步途中，狗兒可能突然會對一小塊的草皮感到興趣。也許是因為剛剛有隻母狗才留下牠尿液，而你的狗兒正在研究這隻母狗是否正在發情；有時興致一來，牠還會蹲在地上用自己的尿液蓋過原來的氣味。也有部分的狗兒，會在地上滾來滾去，在身上沾染氣味才離去。有強烈支配欲的狗兒，則是看到直立的物品，就會忍不住抬腿撒尿。

肛門腺分泌

野生的狗兒試圖在樹苗或草叢附近標記氣味時，會利用肛門口兩側的肛門腺體所分泌的體液，來增加尿液和糞便的氣味。科學研究員則指出被人類豢養的狗兒通常不會使用肛門腺液，因為肛門腺液的分泌與狗兒對於地盤的危機感有關。許多狗兒都需要藉由外科手術來排放肛門腺液，液體難聞的氣味和狗兒蹲著屁股著地磨蹭的姿勢會讓人產生錯誤的聯想，以為狗兒感染了寄生蟲。

捍衛地盤的吠叫

保衛家園的吠叫行為，是豢養犬種經過刻意篩選血統特徵後的結果，用來提醒主人注意危險，通常只要聽到電鈴聲，狗兒就會發出警告。幾乎每隻飼養犬都有這種捍衛領土的意識，其中屬救難犬、被領養的狗兒、工作犬較為敏感，而沒有安全感的梗犬、護衛犬種中的德國狼犬、畜牧犬種中的柯利牧羊犬則是捍衛地盤界的佼佼者。那些感到深受威脅的狗兒，通常不是經歷過更換主人的經驗，就是曾經搬過家。曾被原來的飼主送走的狗兒，伴隨著被拒絕的創傷，有著比別人更多的警覺心，腎上腺素也高於正常的狗兒。救難犬也有一樣情形，因為曾經和一群同為救難犬的狗兒居住在一起，對於吼叫早已經司空見慣了。當牠們要重新適應新的環境、劃地為王時，這樣的改變

就有可能促使狗兒衍生出捍衛領土的吠叫行為和過度依賴的問題（見第 114 - 115 頁）。

叫個不停

狗兒常對著門口送信的人和訪客吠叫，有時也會對經過的路人、慢跑者、腳踏車騎士、車子亂叫。這些路過的人事物因為馬上就會離開，讓狗兒誤以為牠只要一吠叫，就可以成功地驅離這些人，反而使得狗兒更沉迷於吠叫的過程。因為狗兒知道危險解除後，腦中會有回饋性的感覺浮現。這是因為狗兒在吠叫後，身體的荷爾蒙（腎上腺素、多巴胺、血清素）的分泌會調節神經中樞的活動。因此，到最後狗兒會分辨不清楚到底吠叫是為了趕走危險、還是純粹是為了享受荷爾蒙所帶來的快感？這種行為可能會上癮，或者演變成為一種強迫行為（見第 148 - 149 頁）。另外，如果狗兒在主人外出的時候叫個不停，這種情形可能是與分離焦慮症有關。

我要怎樣避免狗兒亂吼亂叫？

降低狗兒感到興奮或有想要攻擊他人的機會。狗兒在清晨和深夜時，容易亂叫。也有可能對著送信的郵差亂叫，或是在散步時，對著路人或陌生狗兒莫名地吠叫。引起狗兒吠叫的原因，可能是因為狗狗碰到陌生人時會緊張和興奮，或是因為狗狗以為別人想爭奪牠的領土、食物或是爭寵。

侷限狗兒的巡邏範圍，避免狗兒靠近窗戶、門邊、大門或花園，就可以成功地避免以上的問題。倘若狗兒在花園裡亂叫，就要偶而限制狗兒進出花園的行動自由。也可以藉由銅片（非獎勵性）來中斷狗兒持續吠叫的行為，一旦狗兒停止吠叫，就用響片（代表獎勵）來鼓勵牠，來取代肢體動作上的鼓勵。

下圖：公狗留下的尿液標記愈高愈好，這是一種欺敵行為，讓對手誤以為牠很高大。

市面上有五花八門的飼料可供聰明睿智的飼主挑選，包括：乾糧、半濕的飼料，或罐頭飼料。當然，負責採買飼料的人不是狗狗，但如果狗兒能自行挑選，牠會喜歡哪種食物呢？

均衡飲食

隨性的肉食主義者

如果將羊排和蘋果放在狗兒的面前，牠會選擇哪一樣來吃呢？答案是非常顯而易見的。從狗兒狼牙般的牙齒結構來看，可以肯定狗兒是肉食性動物，但是狗兒的飲食習慣非常有彈性，偶而也可以做個雜食性動物。

生活在野外的狗兒在缺糧時，幾乎是什麼都吃。根據一份研究「義大利野狗生態」的報告指出，狗兒常在垃圾堆中翻找食物並以腐爛的動物屍體殘骸為主食（包括牛群和馬群的屍體），也有獵捕雞隻或小型哺乳類動物的行為。還有一群由八隻野狗組成的野狗群被目擊到獵捕羊群。狗兒也會採食樹叢上的莓果來吃，還會吃一些昆蟲、蜘蛛、甲蟲類的無脊椎動物。許多飼主也說他們家的狗兒很喜歡吃蔬菜，還有一隻吉娃娃因為特別愛吃生紅蘿蔔而出名！

飲食對行為造成的影響

一位專門研究狗兒行為的南非裔觀察家葛萊妮·安德森（Glynne Anderson），曾經針對一千隻狗兒做過實驗，她改用生肉取代加工飼料餵食狗兒，並觀察飲食習慣的改變對於狗兒行為所產生的影響——包括攻擊行為。她的研究報告指出有四分之三的狗兒藉著飲食習慣的改變而改善了牠們的行為，而這些狗兒在這之前並沒有接受其他實質上的行為訓練。葛萊妮·安德森（Glynne Anderson）提出她的見解：食物是最天然的良藥，它們所發揮的功效比鎮定劑和百憂解還要好，能使狗兒保持安定及得到更多的休息。

有一份報告揭露出：過動兒童（意志缺乏過動異常症）的過動行為與飲食（糖份飲料和食物）中的添加物有關。不難發現，狗兒的飲食習慣也會影響牠們的行為。

上圖：食物是狗兒攝取營養來源，大多數的狗兒除了以肉食為主，也喜歡吃蔬菜水果。

一般認為經過加工處理的狗飼料中所含的色素和添加物，可能會引發狗兒的過動行為。專家認為新鮮的生肉（或是未含人工防腐劑的食物）比一般加工的包裝食物好得多。若狗兒對於乾糧、加工罐頭可能也不感興趣，這或許也說明了為什麼狗兒對於每天的食物顯得毫無胃口了。

我該餵狗兒吃什麼？

多數的狗兒對於食物是來者不拒，在醫學的角度來看已經形成過度飲食（一種強迫進食）的情況；也有越來越多的狗兒面臨超重的情況。另外有些狗兒非常挑嘴，主人很難判定狗兒是討厭面前的食物，還是對於特定的食物有不好的印象，甚至於是討厭所有的食物。狗兒厭食的情況，可能與幼犬時期過度爭奪食物有關，抑或是主人曾經用食物懲罰過狗兒。

市面上的狗飼料，包括：乾糧和溼糧比一塊生肉更能提供狗兒完善的營養，因為人工飼料中的成分可能包含許多必需維他命和礦物質。有時候，可以在狗兒的正餐中，攪入半熟的蔬菜或川燙過碎肉（見第135頁），讓狗兒的飲食有更多的變化。生肉通常比較難被消化，也需要大量的酵素和細菌來分解，所以狗兒吃完生肉時，會休息較久的時間去消化吸收營養。

上圖：狗兒受到食物的刺激，就會開始分泌唾液。唾液對於狗狗消化系統有很大的幫助。

餵食狗兒

食物對於狗兒來說，是最重要的資源。在野外，吃完了這一餐，下一餐就沒有著落。所以當有機會吃東西時，狗兒都會奮不顧身地搶奪食物。雖然一般家犬已經習慣每天固定進食，但是只要狗兒預期有新東西可以吃了，就會流下口水。

期待食物

每當狗兒聞到食物時，就會開始分泌唾液。這是因為唾液不但有潤滑食物的功能，還可以幫助吞嚥，此外唾液中的酵素和細菌可以加速食物分解、幫助消化系統運作。狗兒除了可以藉由嗅聞得知有東西可以吃了，還可以觀察和聆聽一些線索來猜到有東西可以吃了。

厭倦食物

有些犬類要靠工作才能換取食物。所以有些工作犬容易對於輕而易舉就獲得的食物產生厭倦感。在家裡，裝滿食物的盤子永遠都放在地上，等待添加飼料或者清洗，狗狗隨時隨地都可以吃到糧食，當牠不用再為食物動腦筋就會缺乏刺激和樂趣。根據一份科學研究報告指出，狗兒在自然地情況下會用盡身體百分之五十的行動官能尋找、定位、跟蹤、獵捕、追趕、捕抓獵物。而家犬要獲得重要的糧食來源，則省略了以上的步驟，只需要走向飼料盤，然後開始進食就好了。

只要我一接近狗兒的食物，牠就會怒吼，我要如何改善情況呢？

狗兒可能為了糧食做出競食或護衛的行為。研究顯示：競爭激烈的大型幼犬，容易為了食物而產生護衛行為，或者單純只是因為缺乏營養才會競爭食物。有些狗兒會刻意在碗盤中留下食物，然後再走回看守剩餘的食物來表示主權。要解決問題，只要在狗兒吃完飯後，就將碗盤拿開，就算牠沒有吃光也一樣。如果狗兒沒在十分鐘內吃完，即刻就移走碗盤，晚點再餵食。假使你擔心移走碗盤，狗兒會變得激動或攻擊你，先把狗兒帶到別處再移走碗盤。

上圖：在狗兒的菜單上多做變化，或是加入覓食遊戲給狗狗尋找獎勵品，這樣就可以讓狗兒進食變得更有趣味。

覓食遊戲

與其讓狗兒毫不費力的就可以吃到碗中的食物或是你餐盤上的小點心，不如試著設計一些覓食遊戲來取代單調一味的餵食吧！

1. 將狗兒關在狗門閘後，或是玻璃門後，然後把食物藏在花園或家中較理想的地方（視線能及）的地方。

2. 將差不多一份正餐的份量裝入蛋糕紙杯、米製紙袋、半開的塑膠杯、袋子裡，記得要保持容易拆開。

3. 善用家裡花園或其他適合的空間藏匿食物。舉例而言，至少先藏一半的食物在塑膠花盆下面。最好讓狗兒在第一次就輕易地找到一部分的食物，而且食物包裝要容易拆開。

4. 把狗從門後放出開始尋找被藏匿的食物，大聲明快地說：「做得好」並壓下響片（見第 74 頁），然後鼓勵狗兒搜尋和找食物。如果狗兒的方向錯誤，以堅定的口吻向牠說：「不對」。記得隨時準備好，在狗兒找到食物的當下就大聲嘉許狗兒（或是用「響片」和「獎勵哨聲」，見第 75 頁）。隨著次數的增加，可以增加藏匿點和遊戲難度。

上圖：沒有一隻狗兒能忍受和主人分開的痛苦，但多半的狗兒能理解主人遲早會歸來。

到寵物旅館過夜

狗兒被主人寄放到寵物旅館時的心情如何？我們不得而知，我們也只能猜想狗兒的感受。在前往寵物旅館的途中，狗兒可能以為這只是一場人類和狗兒團體合作的「打獵行動」，而主人只是暫時離開前往「打獵和捕食」。

與主人分離的心情

研究顯示狗兒與主人分離的下一秒就開始想念主人了，如果狗兒有什麼失常行為，馬上就會顯露出來。

有些狗兒往往只會坐下來，然後耐心地等待主人回來。其他的狗兒則會無止盡地吠叫，徒然地寄望主人會因此回來、生活能回歸正常。還有些狗兒則是看到東西就亂咬亂抓，來解決心中的焦慮（狗兒紓解壓力最迅速常用的方法）。不可避免，狗兒馬上會在新的環境小解一下，除了有地盤標記的用意外，也順便宣洩一下情緒壓力。

曾經數度住過寵物旅館的狗兒知道，主人終將有回來的一天。只要看到主人出現了，狗兒就知道生活要回歸正常了。第一次在寵物旅館過夜的狗兒，會對自己的處境感到莫名奇妙。依照不同的年齡和個性，狗兒會有不同的反應，多數的狗兒都能調整心情去適應陌生的環境。通常，年幼個性又沉穩的狗兒適應力最強。而年長的狗兒較不能接受原本平靜穩定的生活受到干擾，牠們幾乎不吃東西，主人一離開牠們就開始想念主人。大多數狗兒的脂肪能消耗一個禮拜的熱量，並在狗兒不吃不喝的狀態下，供給熱量營養。其實，狗兒絕食或者只攝取最小進食量，對健康有實質上的幫助。

右圖：很多第一次在寵物旅館過夜的狗兒都會不停地吠叫。

問與答：寄宿狗兒

如何讓狗兒在寵物旅館度過美好的一天？

採取冷靜、沒有情緒和視線交流的方式，將狗兒送到寵物旅館，以免將你的不安焦慮情緒傳染給狗兒。記得在之前就將所有文件準備好，以利幫狗兒迅速辦理入住。千萬不要把狗兒抱入懷中，然後告訴牠你很快就會回來了，這個動作是錯誤的。任何親密的摟抱或者安慰話語只會造成困擾。另外在前往寵物旅館之前帶狗兒去散步，也是一個不智之舉。因為相較之下，漫長的散步只會彰顯此刻的分離有多難過。此外，可以留一件沾滿你氣味的舊衣服（家居服或是睡衣），當做狗兒的毛毯，陪伴狗兒過夜。

如何得知狗兒在寵物旅館過得好不好？

假使狗兒從寵物旅館返家後，產生了異常的行為舉止，而且持續好幾天。從這個跡象可以明顯得知，寄宿經驗已經在狗兒心中留下陰影。

如果發現狗兒拒絕進食、退縮藏匿在桌椅、床後，或其他傢俱後方，逃離任何正常的社交生活，建議你尋求專業獸醫或是動物行為專家的幫忙，以免狗兒的行為發展成習慣。

我家的狗兒很明顯地討厭寵物旅館，還有其他選擇嗎？

研究報告指出狗兒喜歡留在熟悉有安全感的地方，所以不如請親朋好友或熱心的鄰居幫忙，當你去渡假的時候來當個狗狗保母。你可以提供他們餵食時間表和一些基本的照顧方法，但要提醒他們不要給狗兒太多的噓寒問暖，以免狗兒產生依賴感。在某些特定地區的獸醫院，也有提供到府的狗狗保母服務。另外一種選擇是將狗兒送到朋友或親人家中暫住幾天；在暫住親友家時，也可以請臨時的個人專屬狗狗保母來陪伴狗兒。

上圖：狗兒看到熟悉的環境變得空盪，會感到不
安。為了減少狗兒的壓力，搬遷時可以在舊
家和新居設置專屬藏身區，幫助狗兒度過搬
家的非常時期。

搬家

要搬家了！狗兒會有什麼反應呢？這都得看
狗兒的個性。在日常生活中，搬家被列為人類
壓力排行榜中的第五名。你的煩躁情緒也會直
接地傳染給狗兒，在搬家的過程中，保持冷靜
是讓搬家過程順利又成功的不二法門。

狗兒如何適應生活的改變

　　狗兒和人一樣都不喜歡改變，但面對全新
的環境，狗兒還是會感到又驚又喜，而年齡和
心性也會影響狗兒的態度。想要向狗兒解釋搬
家的原因和時間，幾乎是不可能的任務，但在
動手搬家的大日子，狗兒還是可以從家具的搬

該如何讓搬家更愉快？

　　首先要知道，你在搬家時的表現越冷靜
越能幫助狗兒進入狀況。如果有搬家公司協
助搬家，可以在家裡幫狗兒規劃出一個專屬
藏身區，這個方法比寄宿寵物旅館還好。在
家裡的某個地方放入狗籃、有蓋的狗籠，還
有播送廣播的收音機，幫狗兒打造一個安全
又平靜的基地。如果可以的話，設置柵欄時
不要關門，這樣一來狗兒可以清楚地看見週
遭發生的事情，也可以避免狗兒受傷——在
搬家工人搬運東西到卡車時受傷。到了新家
時，也可以複製同樣的環境，這樣搬家工人
也可以自由進出，不用擔心狗兒會衝出來。
　　帶著狗兒在新家附近快速簡短地散步
幾次，而不要選擇費時的散步路程，這樣可
以避免狗兒消耗太多能量，狗兒心情也比較
能保持安定。在餵食上則要小心謹慎，因為
狗兒可能會因為緊張或路程遙遠而消化不正
常。要是你家的狗兒容易緊張，可以用餐巾
紙浸泡在狗兒的尿液和糞便裡，然後偷偷地
帶到新家。這樣狗兒到了新家就會聞到自己
熟悉的味道，幫助狗兒保持平靜並鼓勵牠開
始在新領土撒尿做記號。

運聲、主人發出緊繃又激動的聲音中，嗅出不尋常的端倪。也許狗兒可以聞得到人類身體上夾雜著興奮又緊張的費洛蒙氣味，同時，狗兒看到空盪盪的房間佈滿密封的紙箱，也預見生活將有所改變。年輕的狗兒應變能力最好，就像在野外狗群常為了要尋覓資源更豐富的棲息地，或是更安全的居住點一樣，搬家的意義對狗兒而言，就是為了生活而遷徙。

認識新家

狗兒通常會跟在主人身邊巡視新環境。面對陌生的領土，團體領導會帶著狗群來回走遍每個角落，增加熟悉感使狗兒感到自在。如果狗兒跑來跑去，那麼牠正在按照自己的方式認識這個新地盤。但如果狗兒表現得畏畏縮縮、疑神疑鬼，代表搬家後還不是很適應。初來乍到之時，還是陪在狗兒身邊好好地認識一下環境，如果你的狗兒是偷跑高手，尤其要小心牠在這時趁機從新家偷跑出去。

幫狗兒劃分新地盤

狗兒到新居附近所做的第一件事就是撒尿做記號，將牠的氣味遍佈在花園、走道、籬笆、樹木附近，並一連好幾個小時到處聞味道。凡在所到之處留下痕跡後，牠就正式宣告攻佔地盤。狗兒會發出好幾聲揭示性的叫聲，用意是在知會你領土已經屬於主人你的了。當你搬家進行到了拆箱置物的時候，狗兒會耐心坐在你身邊，等待你拿出牠心愛的玩具和用餐碗盤。

下圖：這隻狗兒充滿好奇地看著主人拆箱，主人也可以趁著喝水休息時，和狗兒在新家玩一場藏寶遊戲。

6. 戶外天堂

上圖：狗兒辨識、嗅聞對方氣味，是狗狗外出時常見的打招呼方式。

認識狗狗朋友

戶外散步是狗兒捕獵和尋回行為的替代活動。狗兒喜歡在戶外與狗群一同奔跑，就像是小孩喜歡在冒險公園裡與其他小朋友一同遊玩一樣。狗兒面對新認識的朋友的方式，取決於幾個關鍵因素。一個主要的因素就是狗兒的個性。假若你的狗兒很友善又順從，幼年的經驗，能讓牠有足夠的自信放心地和其他狗兒一起相處的情況下，相遇的過程是否順利就全然取決於其他狗兒和其主人的態度了。另外一個原因即是：相遇時，是否有一方或兩方狗兒身上綁有項圈？因為只要有一方被牽制著，沒有安全感或是支配欲強的狗兒會傾向於過度反應或攻擊其他的狗兒。這是因為狗兒的探險和打招呼的行動受牽繩限制而感到挫折。

另外一種可能是：狗兒見到另一隻狗兒行動受牽繩控制時，會試圖拉近疏遠感、減少威脅感，甚至想支配對方。

不受拘束的會面：好處與壞處

若有機會在開放空間，無拘無束地和另外一隻狗兒一起奔跑，狗兒會先擺出一連串的身體姿勢來表達善意（見第 28 - 29 頁）。當雙方都給予善意的回應，狗兒便開始搖擺尾巴和屁股、嗅聞對方、站著給對方聞、偶爾舔舐對方（狗兒彼此的頭對著對方臀部的姿勢），以及做出服從的姿勢（將背倚靠在地上），或者做出躬背致敬的動作邀請對方追逐和遊戲。如果碰到尷尬僵局，將不會看到有表現支配意義的嗅聞禮儀，狗兒會挺著僵硬的身體站立在遠處，也不打算給對方嗅聞——還可能加上吼叫

聲，豎立起頸部周圍的毛髮，而耳朵和尾巴都保持戒備狀態。建議飼主看到這種情形時，還是帶著狗兒離開現場，走為上策。

結交朋友

　　狗兒可能會一次又一次碰到相同的狗狗，尤其是當狗兒總在特定的時段、固定的地點散步。慢慢地，狗兒開始熟悉其他狗狗朋友，也把握每次一起奔跑的機會。就像小孩喜歡在遊樂場遊玩，狗兒也享受競跑的過程。建議每個主人利用哨聲來預告狗兒遊戲時間結束了（當狗兒返回時，好好表揚牠或者是以點心獎勵）。所以決定何時結束遊戲，應該是由你決定，而非等到狗兒想要回來時，才能繼續散步。

為何有些狗兒會攻擊我家一度表示友善的愛犬？

　　狗兒開始攻擊那些曾經一起遊玩的同伴，這正代表了狗兒可能經歷其他狗兒攻擊（同類之間的攻擊），或是已經對其他狗兒產生了恐懼感。若狗兒曾經被其他的狗兒攻擊過，就會更提高警覺地防範其他狗狗；就像人類曾經在街上被搶劫，日後外出時都會焦躁不安、擔心還會再經歷同樣的事情。另外，攻擊行為也可以被解讀因恐懼害怕而「先發制人」的攻擊舉動。某些特定的戰鬥犬，如：斯塔福郡梗犬（Staffordshire）和沙皮犬（Shar Pei）有著更高度的攻擊性。如果對方沒有遵守適時合宜的嗅聞禮儀，牠們就有可能會展開猛烈的攻擊行動。

下圖：這兩隻狗雖然已同意可以接近彼此嗅聞對方，但仍高舉著尾巴，帶有警告的意味。

很多時候，主人都無法判定狗兒的問題行為該如何改善，究竟該以訓練來糾正呢？還是該從心理層面下手去了解和治療。

糾正戶外惡行

問題行為	改善方法
追逐其他的狗兒	利用響片和獎勵哨聲來給狗兒一堂小小的訓練課程吧！ 任何一個特殊的物品或狗兒鍾愛的玩具，就可以讓你在家裡附近練習。每次狗兒啣回物品時，就用美食獎勵牠，或者給予很多的讚美和呵護，也讓狗兒熱情地回應你的問候。狗兒就會留下美好又深刻的印象。狗兒產生印象了，之後出門就可以利用物品、響片和哨子，來召回狗兒。
攻擊其他的狗兒	可藉用反制裝置——遙控噴霧項圈來制止狗兒攻擊的行為（見第 74 頁）。
選擇性回應主人的召喚	先在家裡附近使用響片和獎勵哨聲來訓練狗兒，提高狗兒每次返回你身邊的意願。
逃跑、無法喚回	可藉用反制裝置——遙控噴霧項圈來阻止狗兒逃跑的情形發生（見第 74 頁）。
散步時拖行	使用有緩衝防墊的頭頸式牽繩，避免使用胸背帶式項圈以防狗兒用拖行來測試主人的力量。因為胸部是狗兒最強健的地方，改用頭頸式牽繩可以避免狗兒用胸部的力量拖行。當狗兒停止拖行時，用響片訓練來獎勵牠。
跳向、撲向陌生人和其他的狗兒	先在家裡附近使用響片和獎勵哨聲來訓練狗兒。 習慣響片的聲音後，請友人假扮陌生人或者狗兒扮演受害者（也許是現實生活中真實的受害者）模擬情況，當狗兒準備奔撲時，用響片移除法來制止狗兒的行為。行為被中止後，壓下響片來鼓勵狗兒的行為。
追逐野生動物、家畜、車子、腳踏車騎士、慢跑者	在家裡附近使用響片和獎勵哨聲來訓練召回動作，鼓勵狗兒在散步時回到你身邊。追逐行為可藉用遙控噴霧項圈來制止（見第 74 頁），然後再用獎勵哨聲加強召回動作（見第 75 頁）。如果狗兒追逐成癮，對家畜、交通安全、腳踏車騎士、慢跑者的安全已造成威脅，應該就要請求專業訓練師的幫助了。
受驚嚇引起逃跑	散步時可以使用可伸縮拉回的牽繩。 當狗兒受嚇逃跑時，可以把牠拉回和防止跑走。若還是無法改善，就需要尋求專業的幫助。
啃咬路邊樹枝	散步時帶著一個全新的玩具吸引狗兒的注意，然後用獎勵哨聲配合加深印象（見第 75 頁）。當玩具引起狗兒注意時，讓狗兒有機會和它玩耍片刻。 貿然讓狗兒啃咬樹枝，可能會導致狗兒口腔受傷，要避免牠支配一個來路不明的東西。
翻倒垃圾筒	可藉用反制裝置——遙控噴霧項圈來制止狗兒翻倒垃圾的行為（見第 74 頁）。

左圖：是狗帶人散步？還是人帶狗散步？狗兒拖行的行為，只要透過訓練就可以加以控制。
但有些行為，則需要藉助治療才能改善。

上圖：經由訓練和鼓勵，可以教導狗兒在碰到陌生狗兒時保持冷靜。

當狗兒碰到了陌生人和小孩

散步當中，會有許多機會碰到各式各樣的人，包括單獨的行人或是輕鬆踱步的一家人。如果身上綁有牽繩，狗兒的一舉一動便操之在你手上；一旦狗兒被鬆綁，相遇過程是否安然無恙便決定於狗兒的個性、還有迎面而來的人所持的態度。

如何確保狗狗外出時行為舉止得宜？

隨時檢視狗兒與家人和小孩互動的情形，務必禁止狗兒往大人或小孩身上跳。狗兒坐下和保持平靜時，記得讚美和獎賞狗兒，以鼓勵良好的行為。散步時可以隨機將狗兒喚回，狗兒聽命回到你身邊時，就特別獎賞地點心和擁抱。經過這樣的訓練後，不論碰到怎樣的路人，都可成功地將狗兒喚回。倘若狗兒看到陌生人或小孩會過度興奮，習慣跳到他們身上。可以找一個朋友假扮陌生人，當狗兒衝動地撲向他時，就使用銅片移除法來制止（見第75頁）；也可以請家中的小朋友來扮演這個角色。當狗兒做出正確的舉止，用點心和輕撫來好好地稱讚狗兒。

狗兒的個性是關鍵

對於善於交際的狗兒來說，與人相遇是散步最開心有趣的時刻，牠們將人類視為友善的動物。值得再次重申，狗狗個性深深地影響著狗兒，也決定了牠對陌生人的態度。有些狗兒，拜造物者的美意所賜，專注於犬類社會中狩獵和尋回技能，只對主人和家人獻殷勤，而完全忽略其他的路人。就其他狗兒來說，尤其是那些習慣群居生活的狗兒而言，需要仰賴家庭生活或者人類互動而存活，會更主動地接觸陌生人或其他的家庭。

陌生人的態度

另外一個重要關鍵，就是陌生人如何看待狗兒。如果陌生人也帶著狗兒，而他們也表現得很熱情，更能讓互動氣氛升溫。要是狗兒感覺陌生人的態度冷漠，牠也不會搭理陌生人，而繼續散步下去。碰到了愛狗的路人，狗兒的情緒通常會受到鼓舞，然後停下腳步與路人交流片刻。如果碰到了怕狗的陌生人，主人記得要馬上將狗狗喚回身邊，以免引起路人不安或是發生衝突。

血統的影響

其他人如何看待狗兒，完全取決於他們是否喜愛狗兒。話雖如此，某些血統的狗兒仍特別容易讓人接受，尤其如果你的狗兒還是幼犬的時候——幾乎沒有人會拒絕可以撫摸幼犬的大好機會。另外，如果狗兒的體型恰好是中小型的身形，也比較容易受到一般人的歡迎。假使你帶著一隻身型魁梧的羅威那犬（Rottweiler），就較容易引起旁人和小孩的防備；然而，如果身旁的是一隻從容隨和的黃金獵犬，就另當別論了。

右圖：為了保護兒童，應該要避免狗兒做出無法預期的行為。其實，狗兒通常把認識的孩童視作幼犬而溫柔以待。

上圖：狗兒天生的好奇感會招致狗兒陷入刺激又麻煩的情況，包括跳上桌面。

鼓勵互動和召回

散步途中，除非你正在沉思或者與某人談話，不然你跟狗兒都會將大半的注意力放在彼此身上，即便是走過最常行經的路段，你們都共享探索的樂趣。有部分的飼主喜歡攜帶啣回玩具或網球，增加散步時的互動，以及方便喚回狗兒。有些主人則允許狗兒收集樹枝，然後讓狗兒玩撿回樹枝的遊戲。但是分岔的樹枝可能會傷害狗兒的牙齒和牙齦，為了安全起見，還是建議主人使用玩具。

無法抗拒的吸引力

一旦狗兒嗅察或聞到其他野外生物時，就很難能將狗兒喚回，因為追查其他動物的行蹤比回到你身邊來得有趣。在你還來不及招喚牠回來之前，狗兒可能已經消失蹤影了。狗兒所有受過的訓練，此刻全部失效。

選擇性聽覺

對於一隻喜好遊樂又知足的狗兒來說，世界就是一個值得探險的遊樂場。在戶外天堂裡，牠可以找到奇特的氣味和其他動物的新奇體味。幸運的話，還可以找到同伴遊玩。但是主人要注意，散步增加了狗兒追逐野外生物的機會。一但狗兒偵測到某個動物身上的體味，就有可能不聽主人的指示，像隻老鼠般迅速地消失在你眼前。

個性使然

有自信的狗兒，尤其是能夠掌握去向的狗兒，通常走在主人前頭，就很容易受到新奇的事物吸引，然後消失在主人眼前。聽到主人的招喚，還會擺出一副「我去去就回」的態度。有些狗兒即便近在主人眼前，還是不理會主人的呼喚，回頭看看主人，然後繼續嗅聞地上的草。這種情形下，狗兒就像是淘氣的小孩般，挑戰主人的威權。有些狗兒，為了要配合帶頭者的腳步和遵循前進方向，在散步途中會不時短暫地離開，然後馬上返回。缺乏自信的狗兒外出時則須隨時待在主人旁邊，才能感到安心及有方向感。

上圖：只要循著氣味找到其他動物的方位，狗兒就會跟著直覺和嗅覺走，忽略主人的指示，尤其是主人的呼喚。

問與答：狗兒對你的呼喊充耳不聞

第一次呼喊狗兒的名字時，狗兒都不理會，我該如何處理這種狀況呢？

在狗兒早年時期，利用獎勵哨聲在家中附近訓練狗兒召回動作是很重要的一課（見第 75 頁）。當狗兒回應時，口頭讚揚狗狗，或親切地將狗兒摟住，或者以食物攏絡狗兒的心，以鼓勵狗兒在你最需要牠的必要時刻，回到你的身邊。將狗兒帶到一個陌生的地方，然後使用獎勵哨聲訓練，當狗兒在不熟悉的環境而毫無方向時，訓練成功的機會比較大。

如果狗兒在散步途中受到驚嚇而逃跑，我該怎麼辦？

容易緊張的狗兒對於聲音會特別敏感。但是每隻狗兒都有可能因為聽到了特異的聲音，意外地觸發了逃命機制。狗狗害怕的聲音包括：槍聲、打雷聲、熱氣球甚至熱氣球燃燒器所發出轟隆隆的聲音。拚命或逃命的反應機制是受到腎上腺激素所刺激而產生的行為，正如字面上的意思，這個機制一旦被啟動後，便會主控狗兒的大腦意識，強迫轉換為求生狀態。有些狗兒碰到危急情況時，會不停地奔跑，直到抵達家裡或主人的車子為止，或跑到精疲力竭方才停下來。在這種情況下，幾乎是不可能制止狗兒行為的。見到狗兒有啟動逃命機制的前兆，可以利用獎勵哨聲，加上遙控噴霧項圈，便能有效地制止狗兒逃跑。不過這些預防動作須及時在逃命機制未啟動前完成才行。

右圖：教導幼犬如何正確地停駐坐在人行道上，就是教導狗兒如何行經或穿越車水馬龍的馬路。

對交通的反應

對於路上的交通工具，狗兒多半不感興趣，僅把交通工具視為一堆會移動的無機大型物體。然而經過演化的結果，狗兒的視力是用來偵測物體移動，而非觀察枝微末節。車子發出的噪音可能會使狗兒分心，並惹惱牠們。狗兒會認為需要制止這可疑的聲音，甚至追著聲音跑。

交通初體驗

通常狗兒在和你展開共同生活的頭幾天就接觸到外面的交通，尤其是住在城市的話，可能性更大。有些狗兒與交通的第一次接觸發生在你從育種飼主（賣狗兒給你的人）將牠接回的那天。對於多數的飼主和狗狗而言，這一天是一場奇幻的歷險。主人心中充滿著錯綜複雜的情緒──樂觀、期待、擔心，旅程中旁邊的車子、卡車呼嘯而過，在車子裡的幼犬可能感到昏昏欲睡、漠不關心，或者牠可能很充滿自信地觀察著沿途的窗外風景。

通常在主人為狗兒套上牽繩帶牠去散步的時候，狗兒才真正開始接觸交通，這時狗兒會被教導如何在人行道和街道路口適時坐下駐留。經過一段時間後，狗兒也習慣了路上的聲音和移動的車子，而變得比較麻木。如果車子並沒有干擾到你，狗兒也會體驗到沒有什麼值得大驚小怪的。狗兒非常期待能在公園或是草地上快樂地奔跑嬉戲，而前往目的地的一小段車程，只不過是快樂時光前的序曲。

我的狗兒對於車子感到害怕，走到常常經過的主要道路時，狗兒試圖將我拉向反方向前進，我該如何是好呢？

有著複雜交通經驗的救難犬，或者那些曾經不慎經歷過不愉快的交通事件的狗兒，對於忙碌的街口和交通工具都留下不好的印象。舉例而言，一隻不知所措的流浪狗可能被迫掙扎在忙碌的街道中求生存；或者，幼犬時曾經被車子引擎所放出的逆火燒傷過，或者是被卡車的氣閘聲驚嚇過，只要產生了不好的印象，就很難降低狗兒心中的不安。

你可以使用響片獎勵的訓練方式，來逆轉狗兒對交通的不良印象，讓牠從極度反感轉換成正面積極的態度。一開始可以在家附近平靜地使用響片訓練狗兒，再進一步到車輛較少的地方──冷門時段的大賣場停車場是個理想地點，進行有計畫目的性的散步訓練，並且用響片獎勵狗兒任何冷靜的反應。最終，狗兒能面對更忙碌的交通環境，你得持續用響片獎勵狗兒沉穩的反應。

追逐車子

　　有些狗兒會瘋狂地追著車子，這是因為狗兒看到快速轉動的車輪，受到刺激而啟動了大腦運動神經反應。這種偵測獵物或是掠食者移動的本能反應，通常會促使狗兒即刻產生行動。許多擁有控制本能的畜牧犬，如：柯利牧羊犬、德國狼犬、比利時牧羊犬，可能會追著車子追上了癮，或者試圖控制和追趕路上移動的車子（甚至包含腳踏車和摩托車）。另外，許多梗犬也有相同的問題，一般認為追趕車子的行為和梗犬殲滅齧齒動物的行為有關。一旦追逐車子的行為被強化或發展成癮，對於狗兒和牠所針對的車子或行人將造成安全的威脅。

　　使用搖控噴霧項圈，可以有效地中斷狗兒追趕的本能反應。狗兒開始奔跑時，便壓下此反制裝置，狗兒一停下來即壓下響片鼓勵此行為（見第74頁）。碰到這個問題時，還是建議您向動物行為專家討教解決之道，而非把狗兒而交給訓犬師。

下圖：有些狗兒會被行經的車輛吸引或者受到驚嚇。碰到這種情形，幫助狗兒集中注意力是主人最重要的任務。

上圖：狗兒在散步途中伺機尋找獵物，是再自然也不過的行為。

散步途中尋找食物

尋找食物是狗兒最常見又自然的行為，狗兒像是投機者，牠們會如獲至寶般的對待那些不費吹灰之力就能覓得的食物。對牠們來說，一具在野外荒置已久的屍骸，和一片被棄置一週的比薩，兩者之間的差別並不大。主人面臨的問題是，如何使狗兒放棄牠們所找到的戰利品。

城市和鄉鎮的尋獲

對於狗兒來說，再也沒有什麼事情能比卸下項圈在森林裡閒晃，還來得快樂。頓時間，整個週遭環境變成了狗兒的領土。雖然狗兒不會知道你也享受著森林美好的空氣，牠還是欣然地認為散步是互利的活動。不過，一旦偶然發現了特定的東西──剛被掠食者屠殺的獵物或者是被棄置已久的屍骸，可愛的狗兒就會瞬間變成固執的小惡魔。無論在市區或者鄉鎮，狗兒都能憑嗅覺找到誘人的食物。幸運的話，狗兒在那些等待清潔人員來收集的垃圾堆裡，可能找到一袋吃剩的雞腿骨頭。運氣較差的時候，可能只有食物袋可以舔吮。就像是找到世界上最美味的食物一般，狗兒會開心地舔吮或者嘎扎作響地啃咬食物。狗狗認為，這是主人不小心掉落在地上的食物，而趁機把食物占為己有。

右圖：在垃圾堆裡找尋食物，是件刺激好玩的差事，但若狗兒尋獲並堅守腐爛、不該吃的食物時，對狗兒的健康和行為都會造成威脅和不良的影響。

上圖：與狗兒一同到郊外遊玩時，主人應該做好心理準備，狗兒可能會探嗅出地底下的物品，主人可以用玩具來轉移狗兒的注意力，並阻止狗兒吃任何來路不明的東西。

狗兒碰到動物屍體的反應

狗兒碰到屍體時的反應不盡相同，有些狗兒會將腐爛惡臭的屍體直接拿到主人面前秀給主人看，像獵犬啣回獵鳥的動作一般，把動物的屍體丟棄在主人的腳下。有些狗兒會死守在珍貴的獵物旁，直到主人來到現場，將狗兒套上項圈牽走，牠們才會放棄監視。另外，在一些情況下，狗兒會像是餓了幾個月一般地死咬著屍體不放，一看到主人接近，便故意來回跑來跑去，嘲弄著已經捺不住性子的主人。這是因為即便屍體已經腐爛不堪，狗兒仍把屍體看作是真實的獵物；狗兒認為只有占上風者才能擁有腐爛的屍體，所以牠們才會做出這些挑戰主人的行為。此外，因為狗兒體內有特殊的酵素和細菌可以分解有毒食物，所以牠們還可以吃下那些足以使人瞬間喪命的食物。雖然如此，胡亂翻找食物對狗兒仍然有害，為了狗兒的健康著想，還是避免狗兒吃到腐爛的食物才是上策。

如何處理狗兒翻找食物的行為

假使狗兒越來越習慣在路上尋覓腐朽惡臭的食物，建議主人主動掌控情勢，拿出有趣的物品提供狗兒另外的選擇，好比說：狗兒最愛或全新的玩具、一顆球、飛盤、皮骨。在家裡附近利用哨聲訓練狗兒來獲取指定的獎勵品（見第 75 頁）。一旦狗兒將獎勵品和哨聲產生了聯想，若發生同樣的情形時，狗兒聽到哨聲或看到獎勵品時，就會乖乖地放棄手上那個令人毛骨悚然的東西了。如果狗兒占有欲太強，死守著屍體不放，建議主人使用遙控噴霧項圈來制止狗兒（見第 74 頁），成功阻止狗兒以後，馬上使用獎勵哨聲來喚回狗兒。

上圖：對於狗兒來說，搭車是件快樂的事，因為車子會帶牠去探索未知的地方和領土。

搭車的樂趣

幾乎所有的狗兒在幼犬時期就很喜歡搭車兜風，不管路程長短，搭車通常代表前往一個充滿樂趣的地方，狗兒也希望參與人類籌劃的任何一種團體行動。

狗兒眼中的車外風光

　　大多數的狗兒上車後，聽到引擎轟隆隆的震動聲音，就進入到放鬆休息狀態。但是外向活潑的狗兒則會將頭伸出窗外、吐出舌頭，讓陣陣微風吹過臉頰，享受這快樂的時光。這些狗兒喜歡坐在駕駛座旁和主人一起掌控大局，但基於安全因素並不建議安排狗兒坐在前座。因為前往的目的地多半是海邊或是郊外，狗兒通常都會將這趟旅程看作為終極的團體獵捕行動。一趟別具意義的旅程，特別是假日的時候，可能是你們共度最漫長的一段車程。假若只是到當地附近的超市買東西，在狗兒的眼中看來，一包包裝滿東西的紙袋就是捕獲的食物，而推車就是用來運送獵物的工具。雖然狗兒沒有真正地擊敗或帶回獵物，但形式上來看，狗兒已與你協力完成一次美好的任務了。

過動傾向

　　有些狗兒知道正要搭車前往一個引頸期盼的地方，所以在車上的表現可能過於激動，而整個乘車過程都使牠們熱血沸騰。狗兒在車上的偏差行為，可能與幼犬留下來的負面印象有關。另外一種情況，可能只是缺乏乘車經驗，單純因為興奮而跳上跳下。在搭車的過程中，最重要的就是讓狗兒感到安心，所以主人可以在後座放置半遮式的載運狗籠，或者類似形狀的帆布袋，讓狗兒置身其中，如果是五門的車子，則可以放置後車箱內以確保狗兒安全。車禍發生時，車門可能會意外被打開，受傷的狗兒可能會奔向車外、身陷車陣中，這個時候載運專用的狗籠便可以避免狗兒在危急的情況中，因身體起了逃命反應（見第24－25頁）四處亂竄，更重要的是可以避免狗兒受傷。

右圖：載運狗狗的時候，最好將牠們安置在載運專用的狗籠，或是帆布寵物帳篷中。這些裝置比起安全帶還來得安全多了。

我家的狗兒在搭車時顯得很痛苦，不停地喘氣和吼叫。該如何改善這個情況呢？

可以採取以下幾種獎勵方法，來幫助狗兒移除對搭車的不好印象。

1. 利用短程的車程，示範幾個步驟來模擬實際開車的情況。進入車內、發動引擎，但是不踩油門；只有狗兒表現冷靜的時候，才往前移動。

2. 行駛了幾分鐘後停下，和同行的友人自信地走下車，在車子附近散步。狗兒如果保持冷靜的話，就回到車內繼續行駛，壓下響片鼓勵狗兒良好的表現（見第74頁）。假使狗兒顯得不安或過於激動，停止行進並將狗兒帶下車，來個五分鐘的散步，密集重複地指揮狗兒：「不要動」、「坐下」、「跟上」、「前進」……等動作。狗兒表現得宜時，就壓下響片獎勵牠。降低狗兒的不安後，才搭車回家。

3. 選擇一些陌生路段，來趟短程的兜風之旅，避免一些常去的地方，像是超市或是親朋好友家。

4. 經過上述的訓練後，把狗狗載到牠最喜歡散步的地方。

只要狗兒聽話得體，就用響片獎賞狗兒。一旦狗兒面有不安或焦躁暴動，即刻停止行進。同時要記得在訓練過程中和結束時（當你打開後車門時，或者是狗兒起身準備下車時），隨時把握機會鼓勵狗兒優秀的表現。在短短的過程中，狗兒若是暴跳如雷，利用銅片移除法來警告狗兒並糾正牠的行為。

動物醫院就診

獸醫院是個讓狗兒既興奮又害怕的地方，每當靠近獸醫院的門口，撲鼻而來的氣味中夾雜了陌生狗兒、許多動物、人類體味；加上此起彼落的狗吠聲和喵叫聲，讓狗兒感到既開心又謹慎。

氣味帶給狗兒的感受

如果狗兒第一次拜訪獸醫院，空氣中瀰漫的藥味和消毒藥水味會刺激狗兒的嗅覺記憶。狗狗記憶中對這種氣味的印象和感受，還有本身的個性，都決定著狗兒當下的反應會如何。即使是個性沉穩的狗兒，在邁開第一步前，都會望之卻步；而緊張的狗兒，可能在還沒進門之前就開始害怕了。許多獸醫會自動地幫緊張的狗兒帶上嘴套，以防狗兒攻擊他人。假設狗兒曾經有攻擊的情況，將在獸醫院中留下一筆不良紀錄。

上圖：狗兒看到主人和悅的態度和鼓勵的神情，更能安心的讓醫療人員檢查身體。

如何減低狗兒就診時的壓力？

狗兒可能因為受到慢性病所擾，或是曾在獸醫院接受過開刀手術，而對獸醫院產生反感。碰到這種問題時，仍然有機會可以改變狗兒對獸醫院的看法，但是必須採取細心和不著痕跡的手段來改變狗兒的想法。

1. 牽著狗兒不經意地經過動物醫院門口，然後再返回。事先和診所的護士商量好，請她在門口與狗兒打個招呼。接著，拿出響片和食物來獎勵狗兒（見第 74 頁）。如果狗兒不肯冷靜配合，立即中斷獎勵，繼續在診所前來回走個幾次。

2. 在看診前後，選擇一個安靜的角落讓狗兒休息。邀請診所裡的工作人員接近狗兒，並利用響片和點心獎勵狗兒靜坐沉穩的表現，但這個階段還不需要撫摸狗兒。同時，也邀請其他來診的主人加入鼓勵狗兒的行列，讓狗兒對診所內外的人都產生好感。這段時間最好不要超過五分鐘，就可以離開了。每天都重複一樣步驟。

3. 進入診所後，獎勵狗兒乖巧的行為。然後，允許狗兒探察診所其他的房間——特別是看診室。一週之內，重複幾次同樣的步驟。詢問獸醫能否在百忙中抽個空，到診所外面給予狗兒坐下指令，然後用點心獎勵狗兒。

4. 帶狗兒進入診所後，讓獸醫來個簡單而非正式的檢查。如果這時狗兒表現得還是一派輕鬆，就壓下響片，接著送上點心，以茲鼓勵。一週內，再重複個幾次例行的檢查。

5. 成功地經歷上述的過程後，代表狗兒此時已經準備好進入診療室並接受治療了。

有些情況下，也可以藉助其他有自信的狗兒的力量，來增加狗兒的信心和改善狗兒的問題行為。如果其他狗兒能輕鬆以對，你們家狗兒的壓迫感也會降低許多。

上圖：一隻平靜放鬆的狗兒，雖然不太確定獸醫正在對牠做什麼，但通常都會乖乖地接受治療。

正確的就醫態度

其實不難理解狗兒為何對獸醫院帶有敵意。如果每次到獸醫院免不了要挨一針（皮下注射）或是肛門必須被插入體溫計量體溫，也難怪狗兒會不喜歡獸醫院了。所以，建議主人在讓狗兒接受正式治療和接受預防注射前，穿插個幾次友善的拜訪和啦啦隊行程（見左頁步驟2&3）。如果狗兒在麻藥退去後，發現身上

的手術傷口，可能會對獸醫院產生不好的印象。但是你給予狗兒的關懷和漸漸康復的身體狀況，會讓狗兒逐漸了解看診的經驗並非想像中的具有傷害性。你的心情也是狗兒心情的風向球，狗兒從你身體氣味和皮膚散發出來的費洛蒙察覺出你是否很憂慮，如果狗兒感受到你的恐懼，牠就會知道情況不妙了。反之，你越是氣定神閒，狗兒心情就能更穩定。

7. 不當的行為

上圖：狗兒與你的關係應該維持親密忠誠、輕鬆愉快，但又不會太依賴你。

我要如何改變狗兒予取予求的態度？

只要狗兒開始糾纏你，請自然地將狗兒推開，然後跟牠說「不」和「坐下」。

狗兒會將這個動作解讀為拒絕動作。當狗兒接近你的時候，可利用一本書或是筆記本輕易地阻隔狗兒。若狗兒試圖繞過阻礙靠近你，把書移到另外一側限制狗兒接近。到最後狗兒會離開（可能轉向其他沒有防備的家人尋求注意力），或者會放棄行動而躺下。如果狗兒曾經受過響片訓練，當狗兒坐下的那一刻即可壓下響片來鼓勵，狗兒自然而然就會遵守你的指示了。

過度依賴

能擁有一隻狗陪伴在你身邊，常相左右是一件很美好的事。狗兒無條件地愛你，而且必須如影隨行地跟著你來證明牠的愛。忠心護主是一種說法，但從另外一個角度來看的話，這種行為也可以解釋為過度依賴。當你曾經因為狗兒跟得太緊而被狗兒絆倒時，就該好好省視一下狗兒依賴你的程度有多少了。

狗兒為何變得過度依賴

當狗兒和主人發展出不正常的感情關係，可能導致狗兒過度依賴的問題，以及引起分離焦慮症。密不可分的感情，也可能會招致狗兒破壞性的行為、在室內隨便大小便，還有當主人不在時，亂吼亂叫的行為。如果狗兒一定要主人在旁邊才能有安全感，一旦主人不在身邊時（外出上班或是上學），狗兒會無法習慣這種情況。

「獨自在家」在狗兒心中造成的陰影之大，就算主人在家的時候，狗兒還是可能會表現出失常的行為（見第 118–119 頁）。

聽從你的指示

狗兒需要一個領導者來帶領牠，只要你表現得很強勢，能冷靜地做出正確的決定（不論問題複雜程度），狗兒就會感到特別開心。簡單的問題包括：該選擇哪一條路散步、該吃什麼、過馬路時，何時該停下來？複雜一點的問題就是：判斷迎面而來的陌生人是否危險？什麼時候可以卸下項圈？何時該睡覺？這樣的領導方式類似狗狗團體中的領袖公狗和領袖母狗領導狗兒上場打獵的情況一樣——指導狗兒最佳狩獵路徑和找出最佳休憩點。然而，狗兒幼年時過度依賴主人的表徵未被糾正的話，所謂的「跟隨領導者的行為」可能會演變成不可收拾的局面。

自信獨立和沒安全感

　　有安全感又滿足的狗兒不需要隨時隨地都看得到或聽得到主人，但只要看到主人，或者聽到廚房裡食物袋所發出的沙沙聲，便會立即走到主人的身邊。假使沒有接收到任何明顯需要狗兒參與活動的訊息，他們通常都會自在地在自己最喜歡的角落休息待命。

　　反之，無論主人走到哪裡，或是坐在沙發上看電視，狗兒都形影不離，只要與主人分開片刻就會焦躁不安的話，這些狗兒通常都是操弄主人注意力的高手，不停地撫摸、舔舐、輕推主人引起主人關懷，如果前面的辦法都失效，牠甚至會將玩具放在主人大腿上來獲取注意力。如果主人妥協，放縱狗兒過度尋求注意力的行為，日後狗兒很可能會變成攻擊訪客的過動兒。

下圖：允許狗兒與你共枕或在身邊睡覺有潛在危險，若這種親密行為被中斷，狗兒可能容易感到焦躁不安。

害怕心理和高度警覺

每個人都有一兩個畏懼的東西，狗兒也不例外。無論害怕的東西是實體還是無形的幻想都有可能觸發狗兒的拚命或逃命機制，同時使狗兒腎上腺素激增。我們可以把狗兒的神經質行為看作是個性的一部分，狗兒的警戒心則讓狗兒隨時隨地都處於備戰狀態。

恐懼對狗兒造成的影響

狗兒受到威脅而感到害怕時，會豎起頸背部的毛髮、僵直地舉起尾巴，然後發出吠叫警告聲。但如果連展開熨燙板、烤吐司機跳出吐司，這些芝麻蒜皮小事都會讓牠大驚小怪的話，狗兒可能就有過度戒備的問題，因為任何無法受到掌控的事情都可能讓牠起疑。時常因害怕而產生攻擊行為或者逃跑行為的狗兒，需要主人進一步的關懷和專業的治療。

有時候，引發狗兒做出不合理的行為，不僅僅是因為聽到噪音而已。許多獵犬像是：可卡獵犬、小獵鷸犬、拉布拉多犬還有其他獵犬，對於槍聲司空見慣而不屑一顧，但是卻因來路不明的聲音感到恐懼，而提高戒備做出制行為。

引起狗兒害怕的因素

如果家裡稀鬆平常的小事都能讓狗兒感到害怕，可能因為狗兒受到一些負面經驗所影響。這些負面經驗包括：幼犬時期缺乏正確的管教、營養、正常的社交互動，或者曾為疾病所困、幼犬間有過於競爭的情形。另外一種可能是：太早離開媽媽身邊、飼主健康狀況不良、搬家頻繁、育種飼主給予的照顧太少（過度商業化經營的結果）。還有，被領養狗兒或

上圖：狗兒會自然地捍衛家裡附近的領土，有些狗兒會因此而不時發出宣示主權的吼叫聲。

如何避免狗兒發出宣示領土主權的吼叫聲？

最有效的方法就是侷限狗兒白天的活動範圍（優勢領域），好比只允許狗兒在房門窗戶到樓梯間口或窗台附近活動。必要的話，可能要安裝門閘來阻隔狗兒穿越走廊、或是到後方寢室，這些禁止狗兒進入巡邏和監視的地方。這些專屬主人地方最好是關上門禁止狗兒進入，讓狗兒知難而退。同時，也要禁止狗兒靠近側門或大門口，以避免狗兒攻擊路人。

是救難犬，有著比一般狗兒高的腎上腺素，牠們更容易做出因害怕產生的反射行為，而無法像一般其他正常的狗兒開心過活。另外，搬家時要重新適應主人或家中領土，也容易使得狗兒不安而提高警覺心。

研究報告指出：長期接受治療的狗兒和接受過外科手術的狗兒，也會提高防備程度。而跟主人關係過從甚密，養成過度依賴的狗兒（見第118-119頁）更容易感到緊張害怕。

所以，幫狗兒築一個藏身處吧！當狗兒聽到不知名的聲音而引發拚命或逃命機制的時候（見第24-25頁），可以馬上撤離、跑回牠舒適又安全的狗窩。這個狗窩應該安置在家中某個安靜的角落，當作狗兒的專屬區。

害怕和過度警覺的徵兆

狗兒發出宣示領土主權的吼叫聲，可能是因為承受過度壓力、恐懼或面臨高度戒備的前兆，所以狗兒試圖藉由咆哮來嚇跑潛在的危機，例如看到路過的其他狗兒、清潔隊員、郵差、摩托車等。因為狗兒利用吼叫可以得到立竿見影的效果——馬上嚇走對方，這種獨特成就感勝過於用狗兒真正地發出攻擊。但是如果狗兒習慣於用吼叫來攻擊他人（見第123頁），可能會因為習慣荷爾蒙的分泌而上癮。看到狗兒狂聲怒吼，一般人都會自然地離開現場，這無形中卻加深了狗兒的印象，讓狗兒誤會牠成功地擊退對家人和領土造成威脅的敵人。

下圖：室內用和載運用的狗籠，皆可以提供狗兒安全感。狗兒跑進狗籠內休息可以比作為在大自然中鑽洞休息一樣。

上圖：不停地舔吮梳理毛髮，是狗兒分離焦慮症的徵兆之一。

變、主人或者是同伴（家中成員或狗群）突然消失蹤影、受主人生病和緊張的情緒影響、搬家……等情形。這種症狀普遍見於救難犬和經歷搬家的狗兒身上，因為沒有人向狗兒解釋：為何原來熟悉的一切在一瞬間都改變了？所以狗兒變得害怕失去主人。當主人不在狗兒身邊的時候，狗兒就會做出異常的行為，有些特殊的情況下，即使只是暫時看不到主人（夜晚睡覺時，或是只有一門之隔的情況下），狗兒還是會表現失常。也有一些異常的例子，像是有家中成員在身旁，狗兒還是做出令人不解的行為，這樣會讓主人無法察覺狗兒的惡搞行為，其實就是因分離恐慌而出現的症狀。

下圖：有些狗兒不堪與主人分離之苦，在主人離開家門的時候，會發出一聲聲的哀求和哭嚎。

分離焦慮症

狗兒的分離焦慮症狀和人類雷同，許多兒童因為過度依賴父母和長輩，一旦獨處的時候，就會感到低潮和焦慮。但是狗兒因為不會說話，只能用行動來表達心中的痛苦。

狗兒為何罹患分離焦慮症？

壓力是造成狗兒罹患分離焦慮症的主要原因。當狗兒過度依賴主人，無法承受離開主人身旁的壓力時，就會出現分離焦慮症的症狀。以下幾點是觸發焦慮症的原因，例如：狗兒因被收養而易主、外科手術所帶來的創傷、身體不適、意外事故、主人工作作息改

分離時所發出的鳴叫聲

在野外，狗兒持續地吠叫可以引起同伴的注意和集結同伴，而哀鳴則帶有求饒的意思。你不在狗兒身邊時，無論狗兒使用哪種方式鳴叫，或是持續叫了多久你才回家，只要你一回家，狗兒就會以為使出的手段達到目的了——鄰居可能常抱怨你家的狗兒吼叫一整天。想知道狗兒在你不在時，是否過分吼叫，可以從狗兒的飲水量觀察起，因為狗兒緊張或過度吠叫的時候，需要喝大量的水來解渴。

黏人的幼犬如果被關在房間內或是戶外，他們懂得用哀鳴的方式來吸引主人的注意力。如果你馬上衝去開門，幼犬就會相信只要叫個幾聲就可以得到主人的回應。

只要狗兒養成過度依賴主人的習慣，而學會持續地吼叫的話，就是狗兒有分離焦慮症的前兆。

你不在身邊時，狗兒所發出任何一種吠叫的形式，都可以視作是「狼嚎」的一種。狗兒身上帶有狼的基因，歷經千百萬年的遺傳，狗兒還是延續著這種狼嚎的呼喊方式。我們都知道，狼群出沒在伸手不見五指的夜晚裡，牠們會爬到高處對著遠方的空谷鳴叫。孤狼也利用這種方式找尋配偶和向其他對手宣戰。

分離焦慮症的徵兆

分離焦慮症有四種明顯的表徵：

- 持續不斷地吼叫、哀鳴、嗥叫。
- 在室內大小便。
- 不停咀嚼不可食的物品（包括：塑膠地毯）、在門邊挖牆、抓刮門板／門框、撕碎床單、破壞傢俱。
- 不停地梳理毛髮、反覆地舔舐、啃咬腳掌或身體。

下圖：狗兒在主人離開時所發出的哀嚎聲，是仿效牠們的祖先狼嚎的聲音。

我要怎樣才能知道狗兒獨自在家時，開不開心？

拿錄影機將狗兒的行為錄下，有助於你了解狗兒獨處時的情形。用三腳架固定住錄影機，拍下你離開狗兒和家中時狗兒的反應，以及你離開家隨後發生的事情，這是非常關鍵的時刻。如果這個方法不可行，也可以考慮改用錄音的方式。狗兒最初的焦慮反應、吼叫聲，還有用爪子亂抓行為都可以被記錄下來。從這些跡象也可以幫助主人判斷狗兒的痛苦指數有多高。根據影像紀錄顯示，無論主人離開五分鐘或是五個小時，狗兒做出的情緒反應是相同的。對狗兒來說，最不能接受的是主人頓時消失在牠們身邊。因此，禮拜一通常是最難熬的時刻，因為狗兒才在週末與主人共享歡樂時光（特別的散步），馬上又得面臨一個人獨處的時候了。

如何安撫分離焦慮症

有許多的方法可以幫助狗兒減少獨處焦慮，其中包括：暫時和緩你跟狗兒的關係、出門時低調地離開狗兒、幫助狗兒獨處時排遣無聊來降低狗兒的壓力感。一旦狗兒適應獨處，你跟狗兒的關係就能逐漸的找到平衡點。

如何模糊離開狗兒的跡象

狗兒可以藉由你生活中的行為模式，察覺到你將離開他去上班、去購物、夜晚外出狂歡等等的跡象。你需要花時間考慮有哪些徵兆會使得狗兒不安，並且採取避免這些徵兆的措施。頭幾個禮拜，你不會發現這些預防方法如何改善狗兒獨處的情況，但最終你會發現這些預防措施將是幫助狗兒恢復正常生活的關鍵。

- 避免重複的指令，如：晚點見、要乖乖聽話喔、我一下就回來了。避免所有口頭上的表達，盡量低調地離開。
- 預先將外出衣服、帽子、外套、鎖匙及鞋子等東西準備妥善，更換衣著時，要避免讓狗兒看見，在不同時間，不經意地穿上外套、拾起鎖匙，保持你依然在家的狀態。
- 避免在即將離開狗兒時，餵食或丟玩具與牠互動。
- 避免在睡覺前及出門前關掉電視或收音機，盡量多變換你的收聽收視習慣。
- 掩飾鬧鐘聲、引擎發動聲、設定電話留言時、開關車庫門時發出的聲音。

如何穩定狗兒獨處的情緒

背景聲音可以減緩狗兒警覺心及緊張情緒，主人要離開狗兒時或前後，繼續讓電視或收音機談話節目保持播放，這樣一來，電視開關聲就不會使狗兒聯想主人要離家了。

出門三十分鐘前準備玩具、咀嚼物或生骨頭讓狗兒舔舐，也可以將玩具骨頭隱藏在某個角落，讓狗兒獨處時找到它們，這樣可避免狗兒無聊發呆。狗兒也可藉由反覆舔舐的動作平穩情緒。如果狗兒不需被關在狗籠內，可以給牠一個橡皮球這樣有互動性及自我獎勵作用的玩具。待你返家不久，就該結束這些安撫手法以保持這些方法的效用及新奇感。當然最好在家的時候也使用這些方法，這樣可以避免狗兒有天辨識出這些手法是你不在家的信號。

上圖：離家前，可以在家中某個角落藏匿皮骨給狗兒搜尋，啃咬皮骨可以幫助狗兒平穩情緒。

建立一個狗兒專屬藏身處

準備一個可安置你愛犬的狗籠或帆布帳棚（不要太大以防狗兒在裡面亂跑亂跳），然後在狗籠上加上特製或棉製的屋蓋、放入狗兒的床俱、一件有你氣味的衣物作為棉被，最後將狗籠的大門打開，讓狗兒可以蜷起身子在裡面休息放鬆。這樣視覺上的刺激大幅減少，可以減低狗兒的戒備，狗兒也不會再對路人亂吼亂叫，或是跳到路人身上了。

讓狗兒熟悉自己的藏身處

讓狗兒自然而然地接觸自己的新狗窩，最理想的方式是將狗兒房間安置好後，讓牠主動探查一下週遭環境。如果狗兒視而不見，你可以偷偷地在狗籠裡放入誘人的骨頭或是玩具，接著就讓狗兒好好享受一下個人時光吧！一天當中，最好選擇晚上讓狗兒開始認識牠的新狗窩，因為通常這個時候狗兒比較放鬆，也準備要入睡了。記得至少給狗兒一個星期的時間去習慣牠的新狗窩，讓牠可以好好地摸索和適應，狗兒感到越自在越好。狗兒若能習慣在狗窩裡過夜，長期來講有很大的好處。切記！關上狗籠的門之前，一定要確定狗兒能安然地待在裡面才行。

務必要注意不要把狗兒關在狗籠來當作懲罰，或者利用狗籠載運狗兒去獸醫院。（尤其是狗兒剛接觸狗籠的初期），以免狗兒對牠的新狗窩有了壞印象。狗籠應該用來當作搬家時暫時庇護的地方，或是乘車時用來載運狗兒的空間，以及度假時可以放在拖車和船上，並方便你帶著狗兒到別人家裡和房子裡的專屬地方。另外，也不要在狗籠裡餵食狗兒。

上圖：獨自在家的狗兒會尋找有主人味道的東西來咬，鞋子則是最受狗兒歡迎的一種選擇。

破壞性行為

狗兒獨處才沒一會兒，就開始刮劃、亂咬、挖掘東西的行為，這些跡象顯示，狗兒感到深陷囹圄而不安。如果你回家發現滿地都是被撕毀的碎屑，你一定以為狗兒是蓄意大搞破壞，其實這是狗兒紓解分離焦慮的方法。

破壞性的抓刮

　　一隻患有分離焦慮症的狗兒，無法忍受片刻獨處的滋味，無論你是離開家裡多久，對牠來說都一樣難熬（見第 118－119 頁）。當主人關上門離開，狗兒會以為主人忘記把牠一起帶走了，就開始亂抓門板來呼喚主人，而主人聽到抓門聲通常都會回頭探視狗兒。這時狗兒看到抓門方式奏效了，就會習慣在主人離開時抓門，以為主人會因此回來，如果還是不見主人回來便變本加厲地抓門，原本驚慌的行為就變成了瘋狂行為。漸漸地，狗兒亂抓行為會變成一種典型常見的行為——習慣性又無意識地重複動作（見第 148－149 頁）。藉由重複劃刮的動作，狗兒身體會釋放多巴胺和血清素，這些荷爾蒙能暫時讓狗兒的身體放鬆，達到回饋身體的效果。然而，待荷爾蒙的紓壓效果消退後，狗兒又需要開始繼續亂抓了。

破壞性的啃咬

當狗兒無計可施時，就會停止亂抓門板或其他的阻隔物。那些過度依賴主人的狗兒會開始在家中亂竄想要尋找主人（如果平常被允許在家裡自由走動的話），牠們會找出主人的鞋子或衣服，藉著上面殘留的味道來感覺主人的存在，一旦狗兒將衣物占為己有了，就會帶回狗窩開始亂咬。狗兒專注地咀嚼著主人的衣物，腦內所產生的反應像抓門之後的效果一樣，釋放出回饋性的荷爾蒙。輕微地舔吮和咀嚼，有可能會演變為一發不可收拾的亂咬，而主人回家後可能會驚訝地發現他最心愛的一雙皮鞋已經被咬得面目全非了。

有些狗兒則會咬傢俱。拜荷爾蒙的影響所賜，有些狗兒會任性瘋狂地破壞沙發和床俱，有些主人還說他們家的沙發整個全毀。而那些被放置在屋外的狗兒，表達壓力的方式是開始在地上挖洞。另外，有些狗兒則會吞下不該吞的東西如：塑膠、木頭、襪子、內衣甚至於手機，而所招致的就是開刀的後果，開刀後留下來的傷口只會讓原本無力忍受壓力的狗兒更加難受。

早期的咀嚼行為

六個月大左右是最適合狗兒咀嚼的時期，當尖銳的牙齒長成初期，狗兒特別需要啃咬東西，這時需要提供狗兒適當的物品咀嚼，如：藏匿起來的皮骨、玩具，或者是尼龍製玩具。假使狗兒企圖咬一些家居用品像是傢俱或鞋子，則可以用銅片移除法來制止狗兒（見第 75 頁），警告狗兒這個行為是錯誤的。當狗兒選擇正確的東西啃咬，就用溫暖地擁抱和關懷獎勵牠。要是已經過了牙齒成長期，狗兒還繼續出現啃咬行為，則可能是壓力過大的跡象，或是強迫症行為的前兆（見第 148 - 149 頁）。

應該要懲罰狗兒？還是要付出更多的關愛？

處罰狗兒只會徒增狗兒的壓力，讓狗兒感到分離更難熬，但是如果給予狗兒過多的擁抱或愛撫，只會讓狗兒更黏你。碰到這種情形時，善解人意的主人知道這不是狗兒的錯，並且懂得尋求專業的幫助。有些主人忍無可忍，開始懷疑是否該幫狗兒換個適合的主人？其實那些不斷地被飼主送走的狗兒，只要藉由專業動物行為訓練師的治療，就可以避免被主人送走的命運。

下圖：狗兒與主人分開時所做出的破壞行為，並非出於狗兒惡意而是與分離壓力有關。

不良的便溺行為

狗兒不當地在家裡排解大小便，很少是因為生理上的需要，而常與獨處時的壓力有關。因為狗兒用氣味標記領土時，腦中會產生化學性的反饋感覺，舒緩與主人分離所承受的壓力。

不當便溺的成因

幼犬隨便便溺的行為，不一定是如廁訓練失敗的結果，可能因為幼年時期與母親分離的原因有關。研究顯示許多罹患分離焦慮症的狗兒（見第118-119頁），會在主人關上門離開家的那一刻，馬上就小解或排便。從側錄影帶中可以發現，狗兒的不良便溺行為跟小孩子尿床行為有點相似。因為這種無意識的行為，是狗兒面對生活上的壓力所產生的反射動作，狗兒在家中領土中撒尿可以得到片刻的安慰，因為牠可以聞到自己的氣味，而尿液和糞便是狗兒用來占據領土時的標記物（見第84頁）。

上圖：幼犬難免有意外表現，不小心尿了出來。但是在主人不在時所產生的便溺問題，則可能與狗兒的安全感有關。

誘發因子

過分依賴主人加上沒有領土歸屬感，會促使狗兒在室內排尿和排糞。狗兒排解行為不一定是因為身體需要解放，也並非像人類想像的那樣骯髒污穢。當狗兒倍感壓力時，尤其是過度依賴主人的狗兒，會靠著排泄時腦中釋放的化學因子來紓解壓力，但有可能會習慣成癮。

碰到這種情形，如果主人給予狗兒更多的關愛呵護，只會讓狗兒與你分離時更加難過失望，一旦習慣主人溺愛和親密接觸，狗兒在獨處時就會更加不安煩躁。如果你的家中不只飼養一隻狗兒，牠們會週期性地在家撒尿，因為狗兒天生想要用自己的尿液蓋過彼此的氣味（見第80和84頁）。當狗兒感受到人類的煩躁或不耐情緒時，也有可能因為害怕而導致不當的便溺。

依賴主人的情結和缺乏領土安全感的狗兒，會在自己的領土上或家中尿尿和排便來解決壓力問題（常見於救難犬和被領養的狗兒）。當主人在家的時候，可以為狗兒特別區隔出一個藏匿所，當主人不在家時，狗兒可以躲進這個地方暫時得到庇護和安全感。同時，也建議主人避免讓狗兒有因為尿急而非得在家裡上廁所的情形（在夜晚的時候，或是獨處的時候）。因為允許狗兒在家裡排泄，可能會促使狗兒在家裡做尿液標示地盤，尤其是趁著你不在家的時候。主人需要不計代價地付出，來解決狗兒因分離焦慮而產生的便溺行為，並避免任何處罰行為。另外，也不要在狗兒面前幫牠收拾殘局。

回到家時卻發現狗兒製造出的「排泄物」，我該如何處理呢？

面對狗兒的不當排泄行為時，要非常小心地處理。我們可以利用大型紙箱之類的障礙物，阻隔狗兒接近牠常便溺的所在，或是限制狗兒出入空間。在狗兒如廁過的地方噴灑有機清潔噴霧劑，而不要用強效的消毒劑來湮滅氣味，這樣可以避免狗兒回到相同的地方排泄，也絕不要在狗兒的面前清理牠的糞便。這時，不要對著狗兒大吼或者責罵牠，這樣只會徒增狗兒的壓力，因為狗兒無法將牠之前排便的事情和你罵牠的原因聯想在一起。

建議就近在花園或公園選擇一個適合的地點，鼓勵狗兒在那邊上廁所。最初嘗試這個方法的前幾個禮拜，不要過度的清理狗兒的糞便，然後鼓勵狗兒在散完步後去那邊排便（利用響片，見第 74 頁），也可選擇清晨和睡覺前去。每回狗兒排便完或者結束巡視這片土地時，就用響片加上點心、輕拍和口頭讚美來鼓勵牠。

另外，可以用餐巾紙把家中的排泄物移到理想的地點，狗兒會依據新鮮的氣味，重複在指定的地方排泄。

下圖：如果狗兒因分離焦慮而在不當的場所尿尿或排便，應該要用獎勵方式，像是讚揚、食物誘導和響片來鼓勵狗兒在適當的場所排泄。

過度敏感的聽覺

狗兒有著公認的好聽力,可以聽到人類無法察覺的高頻聲音。但是如果狗兒變得過度戒備或者過度依賴主人,一點點風吹草動都會驚動牠們,而這些聲音可能小到連人類都無法注意到。

對聲音過度反應的原因

狗兒可能是因為缺乏安全感,或者是沒有自信獨自面對居家生活的大小事情,所以對於許多特異的聲音特別敏感、害怕。初次聽到巨大的聲響,如:煙火聲、車子引擎的逆火聲、工業機械聲後,狗兒比較容易在心理留下深遠的陰影。有些時候,不足為奇的聲音也有可能讓狗兒感到害怕,好比說清潔窗戶的工人將梯子搭上外牆的聲音,或者是微波爐發出的轟隆聲。一旦某種聲音讓狗兒感到任何不適——只要有一次的經驗,就很難改變狗兒對聲音的

上圖:梗犬對任何不尋常的聲音特別敏感,聽到門外有任何的風吹草動,會先發制人發出吠叫來保衛家園。

右圖:惱人的聲音可能會引發狗兒拼命或逃命反應,狗兒會做出蜷伏在地、趴下的動作。

上圖：在戶外時，狗兒會提高警覺，散步時若對某種聲音產生了負面聯想，就很難拔除印象並避免狗兒出現驚慌反應。

印象了。尤其當狗兒在散步或獨處在家的時候（處於高度警戒的狀態）所產生的印象。但是聲音也有可能產生正面聯想，無懼的獵犬習慣槍聲，牠們會把打獵時聽到的槍響將工作和訓練聯想在一起。

驚慌的反應

危險恐怖的聲音可能會激發狗兒拚命或逃命反應（見第 24 - 25 頁），做出必要的舉動，例如：蜷伏在地、趴下、急速逃跑，或者躲在床下和家俱下面。如果在戶外聽到狗兒害怕的聲音，牠可能會拒絕繼續前進。

問與答：令人害怕的聲音

狗兒被某個聲音嚇到時，我該撫摸牠來穩定情緒嗎？

狗兒因噪音受到驚嚇時，撫摸或輕拍的動作或者是安慰，並無法平復牠的情緒。事實上，這種只適用人類的慰問方式，只會讓狗兒的情緒更加惡劣，因為主人善意的安慰即暗示著主人也深受聲音所擾。

狗兒對噪音感到害怕時，該如何幫助牠？

可以在家裡和狗狗所到之處播放音樂，或者收聽廣播節目當作背景音樂，當聽到噪音時，將音量調大來掩蓋噪音，也可以拿出耐咬的皮骨、生骨頭、啣回玩具球分散注意力，避免狗兒陷入警備狀態。也可以用食物吸引狗兒和你來場啣回遊戲。另外一個有效的方法，就是提供狗兒一個藏身處（見第 120 - 121 頁），好讓狗兒受到驚嚇的時候有地方避難，剛開始可以用大型的紙箱應付狗兒暫時的需求。

我是否可以小聲地播放狗兒害怕的聲音，好讓狗兒習慣呢？

治癒人類恐懼症的「對峙療法」（讓患者持續面對最害怕的事物，直到感覺麻痺來克服恐懼心理），被用在狗兒的身上時，並無法達到效果。研究顯示：狗兒越是接觸到害怕的事物，越容易產生逃命反應，如：找尋避難處，因為找尋或建立一個躲避之處是狗兒的直覺反應（見第 38 - 39 頁）。

超黏主人的狗兒（見第 114 - 115 頁）或是容易過度警備的狗兒（見第 116 - 117 頁）都有可能因為稀鬆平常的聲音而大驚小怪。當降低狗兒警備的手段奏效了幾個月後（見上方的建議），這時就可以在小聲地播放狗兒害怕的聲音同時，和狗兒一同練習啣回遊戲來轉移狗兒注意力，最後記得拿出響片來獎勵牠（見第 74 頁）。

出其不意的攻擊行為

狗兒可能在短短的時間內與你化友為敵，好好地分析狗兒攻擊的原因，可以預防狗兒突發的攻擊行為，並幫助你認識狗兒令人不解的行為。

何時會突然發出攻擊？

突發性的攻擊或挑戰行為，常發生在狗兒企圖保護牠的食物或玩具的時候，這是一種反抗行為。也有可能發生在你最沒有防備的時候，比如狗兒站在階梯或沙發高處，企圖展現牠的支配地位時。如果家中不只飼養一隻狗兒，狗兒們也有可能在門檻附近、大門狹窄的空間，或是在進出車門的時候，發生推擠攻擊衝突。

為何要攻擊？

當看到可愛的寵物朝著家人或路人吼叫或咬他們一口時，主人通常都很難相信自己所見的。如果狗兒對著玩具吼叫，也很難去判斷這是狗兒天真的玩耍動作，還是惡劣的挑釁行為。通常狗兒在玩耍時發出的聲調會高出警告的低吠。然而，絕不能允許狗兒對著自己的飯碗吠叫。某些從小在大群幼犬圈中長大的狗兒，必須面臨食物搶食問題，在長大後會較容易有捍衛和占有食物的傾向。

反抗主人的攻擊行為，也常見於救難犬和被領養的狗兒當中，因為牠們可能曾遭受虐待，或是有流浪街頭、長期餓肚子的經驗。此外，神經敏感和容易興奮的狗兒也常容易做出攻擊舉動。如果狗兒能夠及早保持鎮定，攻擊行為就比較早能受到控制和制止，避免從警告的吠叫聲演變為凶狠猛咬。

上圖：*絕不要和有攻擊意圖的狗兒四目交視，因為正面交鋒只會更加激怒牠。*

碰到狗兒低吠警告或攻擊行為時，我該如何處理？

狗兒的攻擊行為容易發生在飯碗被拿走、看到其他狗兒的情況下，或者是不服從你的命令如：「從傢俱上下來」、喚回、放棄嘴巴裡的玩具，或是當你企圖將牠從房間移到另外的地方時。這時候記得避免眼神交流，也不要蹲下去和狗兒說話或是訓斥牠，在你準備好的情況下，站在遠方呼喚狗兒，如果牠走向你並乖乖坐下，就壓下響片並用零嘴獎勵牠（見第74頁），採取這個措施可以將狗兒惡劣態度轉變成聽話乖巧的行為。

假設狗兒故意舉足不前，就吹響預告獎賞的獎勵哨聲（見第75頁）來吸引狗兒，一旦狗兒對你的指令做出回應，務必記得壓下響片，然後用零嘴、輕拍、口頭讚美、玩具來獎勵牠。

碰到狗兒低沉地吠叫，利用銅片發出警告的訊號，然後壓低聲音說：「不行」，當狗兒停止吠叫，立即吹響獎勵哨聲，然後壓下響片鼓勵狗兒保持冷靜的行為。

矯正狗兒的惡行惡狀

　　如果狗兒不被允許爬上沙發卻明知故犯，又不聽你的命令從沙發上下來，甚至於朝著你叫，代表牠正借用著地勢的優勢在挑戰你，通常主人會抓住狗兒的項圈將牠壓倒在地來告訴狗兒誰才是老大，但是這種方式只限於身體的對峙，如果狗兒的體型或姿勢處於優勢則無法使用。狗兒認知能力有限，也永遠無法在智力上與主人抗衡，所以制止狗兒最好的方式是運用腦袋。用堅定嚴厲地口吻向狗兒說：「不行」（用銅片做出獎勵移除訊號，見第75頁），然後把狗兒叫到另外一個空間去。

　　有些時候突擊行為來得太快而讓人無法預防，其實你可以透過長期觀察來對狗兒的攻擊傾向略知一二，從單一事件看出狗兒的攻擊傾向而有所預警，例如：過度興奮、挑戰行為、過度吠叫、咆哮，或者反抗舉止。

下圖：凶狠地露出牙齒吠叫，可以嚇跑潛在的競爭對手，是狗兒肢體語言的一部份。

上圖：狗兒會被自己或其他動物的糞便味道所吸引和刺激。

食糞行為

狗兒的行為有時讓我們啼笑皆非，忍不住轉過頭偷笑。當看到狗兒吃著自己的排泄物這種資源回收的行為，也許就是該找醫生諮詢的時候了。

為何要吃自己的排泄物？

狗兒會自然地從排泄物中找回未完全消化的食物，再把它們吃掉；幼犬出生初期，母犬就是用這種方法幫幼犬清理糞便。在野外碰到飢荒時，狗群中的幼犬會從長者的糞堆中找尋未消化的骨頭和獸皮，以獲得維生的營養。

在居家生活中，幼犬會從母親或其他成犬的身上學會這種扒糞技能；而在貧瘠土地上長大的幼犬也有可能做出這個舉動。另外，在幼犬時期養成習慣吃其他動物，如：其他狗兒、貓咪、馬兒、寵物的糞便的幼犬，長大後也會繼續這行為。這種行為也有可能純粹因為疾病、無聊，或者對飲食不滿而產生；或因過度依賴主人，與主人分離時無法承受壓力而做出的反射行為（如：不當便溺行為，見第 124 - 125 頁）。

專家建議改變狗兒的飲食內容，也可以改善食糞情況：像是提供狗兒高纖維、高蛋白、低碳水化合物的食物。但是如果你已經提供狗兒均衡的飲食及完善的營養，狗兒食糞行為可能就與缺乏營養無關了。

飼主如何看待這個行為？

食糞行為可能被飼主視為最罪不可赦的行為，獸醫證實：有些無法理解的主人甚至因此將他們的狗兒安排安樂死。飼主會有如此反彈且無法接受，可能是因為臆測狗兒在吃完糞便後，再舔主人的臉。無形中，主人戲劇化的反應反而會惡化食糞行為，因為主人的介入，使得狗兒更加速排便吃糞的步驟，因為狗兒會誤以為主人要跟牠們搶食。導正狗兒食糞行為需要花很多的耐心和容忍，當這個令人無法忍受的行為成功地被遏止後，你和狗兒就可以重新建立健康的關係。

如何改善狗兒的食糞行為？

許多人道手法可以制止狗兒轉向研究自己的糞便，並讓狗兒對這個行為產生反感。

其中最好的選擇可能是使用遙控噴霧項圈（見第 74 頁），狗兒很快地就會將難受的氣味和食糞這兩碼子事連結起來，最後達到制止狗兒食糞行為的目的。

當你抓到狗兒排完便準備下手要吃自己的排泄物了，可以用銅片移除法阻止牠（見第 75 頁），如果情形嚴重的話，可考慮改用遙控噴霧項圈。一旦行為被中斷了，用獎勵哨聲把狗兒叫到你身旁，再用響片和零嘴嘉獎狗兒剛剛的舉動。

假使狗兒剛在公園裡或家中上完廁所，把狗兒引開後再清理牠的糞便，在狗兒如廁過的地方噴灑有機清潔噴霧劑來掩蓋氣味（避免用強效的消毒劑），這樣狗兒就不會想在同一地方徘徊；在散步途中，拿出狗兒最愛的發聲玩具或繩子綁著的玩具引開狗兒的注意力，趁這個時候將狗兒的糞便移除。盡量低調解決狗兒的糞便，避免引起紛擾或者使狗兒生氣。

記得保持耐心，在這個時候懲罰狗兒不當的行為，只會增加狗兒的不安，否則牠甚至會誤以為你要跟牠搶食排泄物。（見前述）。

當狗兒趁著你不在身旁時吃自己的糞便，就需要在家中安置一個室內狗窩、帆布狗籠，並且協尋專業行為治療師的幫助。

下圖：狗兒排泄完後，用獎勵哨聲轉移牠的注意力，再壓下響片來中斷狗兒食糞的舉動。

害羞躲藏行為

就像人類一樣，狗兒屬於群居動物，牠們需要生活在家庭和社會團體裡面。當狗兒迴避家庭生活，這代表了牠感到不自在、無法融入日常生活。生活中有很多原因會讓狗兒感到害怕畏縮。

狗兒如何躲避人群？

狗兒新加入一個家庭時，會感到緊張不安。狗兒躲藏的行為，在一開始可能會被認為是害羞的表現。但是逐漸地，每當家中有訪客來作客時，狗兒都會畏縮在桌子底下，只要有人無預警地移動手腳，狗兒立刻就把自己藏了起來；有些狗兒還會用尿失禁來表示臣服，或是沒來由的趴臥在地，一副等著被懲罰的樣子。

狗兒為何要閃躲？

一隻外表四肢健全的狗兒會害怕人群，可能與幼犬時期社會化發展未成熟有關。狗兒可能在幼犬時期遭逢不幸失去母親、沒有安全感，或者是太早離開母親；或者是因為幼犬是在一個缺乏關愛的環境成長，如：寵物店、育種農場、大型寵物商店，但有一種情況是狗兒

上圖：緊張害怕的狗兒會找個封閉的角落躲藏，例如：扶手椅和沙發的底下。

已經習慣在農場工作的生活模式，所以無法適應安逸的家居生活。

假若一隻狗兒逃避任何與主人或家庭的互動機會，只維持最基本的接觸，這可能是代表狗兒喪失了去融入身處群體生活的信心。最好的解決方式是先帶狗兒給獸醫師診斷，再轉診到適合的動物行為醫院接受治療。

右圖：心情不好的狗兒需要主人循循善誘來擺脫憂鬱，主人可以犒賞狗兒獎品來吸引牠融入家庭生活。

輕拍狗兒可以讓牠感到更自在嗎？

如果狗兒開始躲避人群，這代表牠對生活不感到期待。因為狗兒不會經由輕拍的動作安慰彼此，所以此舉並不會讓狗兒回到主人的懷抱。

企圖將自己藏起來的狗兒需要一個藏匿點來獲得安全感，在家裡為狗兒仿造一個如同大自然的藏身處，不論狗兒碰到了危險或只是狗兒假想出來的危險，藏匿在其中可以讓狗兒暫時得到庇護。

此外，可以觀察狗兒在什麼情況下才會表現出難得一見的開心，然後利用這個機會以正面

的方式鼓勵狗兒互動。如果狗兒喜歡散步，那就多帶狗兒來場十五分鐘的散步，避免冗長無趣的散步行程，當中可以拿出誘人的零嘴和響片（見第 74 頁）來鼓勵狗兒參與啣回遊戲。

如果你們家的狗狗特別喜歡食物，可以將餵食習慣改為尋找食物的遊戲，這樣一來牠就必須在四處尋覓藏匿在家中或花園裡的食物（見第 89 頁），當你們家的狗兒開始享受發揮狗狗本能的樂趣，就可以將狗兒注意力轉移到活動的樂趣當中，一掃害羞的陰霾了。

飲食過量與不足

狗兒和主人一樣偶而會飲食失衡,假使不是因為身體不適,狗兒突然變得挑嘴或者失去胃口,起因就有可能與心理層面有關。對於食物來者不拒的狗兒,或是專吃垃圾食物的狗兒,也有可能面臨過胖的問題。

挑嘴的食客

狗兒很快就會學會只要拒吃飯碗裡的食物,就會有別的食物送上來,慢慢地就會變得挑嘴,牠們學會故作可憐地看著飼主,這樣主人就會為牠開啟另外一個罐頭或飼料包。曾經吃過速食的狗兒會沉迷於人類過度調味的食品,當牠們吃到自己的料理罐頭就會感到索然無味。這個道理就像是叫兒童從巧克力棒和花椰菜兩者擇其一的結果一樣,多數的人都會選擇較不健康的食物,狗狗也不例外。狗飼料中的營養成分相當均衡,但若餵食成犬過多的蛋白質(肉類、起司、雞肉)或不當食品,則會對健康造成不良的影響。

上圖:體重過重的狗兒可能會面臨重大器官衰竭的問題,所以應該嚴格控制體重過重狗兒的飲食方式。

下圖:向飼料說「不」的狗兒,有可能偏好人類的食物,牠們變得挑嘴,甚至會演變成罹患厭食症。

減重

失去胃口的狗兒,可能是因為對食物產生了不好的印象所以缺乏好感,或者是罹患了類似人類厭食症的心理疾病而導致沒有食慾。增加進食時間的樂趣可以幫助狗兒增加食慾,好比說讓狗兒尋找自己的下一餐(肉或者是餅乾)的遊戲,可以提升狗兒進食的意願。屬於工作犬品種的狗兒通常要用工作來換取三餐,例如:趕集羊群、尋回獵鳥、看守周圍的籬笆的工作完後才能吃飯。

吃過人類食物的狗兒會著迷於含有糖分和鹽分的食物,之後便會排斥原本的寵物調理食物。

狗兒如果在飯後散步太久,可能會導致體重過輕,所以過瘦的狗兒在體重恢復正常之前,要酌量運動。記得要在餵食狗兒之前帶狗兒去散步,這樣狗兒在用餐後才有時間消化和

得到真正的休息。

飢餓的狗兒

　　在野外，狗兒過著有一餐沒一餐的生活而無法預期下一餐在哪裡，所以當狗兒有機會大快朵頤時，牠們能吃多少就吃多少。家裡的寵物狗在胃口好的情況下，也會狼吞虎嚥地吃飯，然而狗兒貪得無饜的胃口，也有可能導致過重問題而危害健康。

　　如果貪吃的狗兒只要走到飯碗前，就可以吃到東西（尤其是當飯碗裡永遠裝滿食物），體重很快就會上升。餵食狗兒最佳的方式是少量分時地餵食狗兒，而非一次餵足狗兒一天所需的進食量。

　　狗兒會無預警地變胖，尤其是狗兒還會逐月累積體重。肥胖的狗兒除了要節食以外，還要加上適當的運動才行，同時要配合獸醫的監督，直到狗兒體重符合血統和性別的標準體重為止。而對年長的狗兒來說，牠們運動的時間較短，所以要幫牠們減少蛋白質的攝取，以維持狗兒的標準體態。

下圖：在用餐時間前，先帶狗兒去散步以消耗身體過多的熱量。

問與答：餵食狗兒該注意哪些問題？

家裡的狗兒已經過重卻還不懂節制，我該怎麼辦？

　　先諮詢獸醫適合你們家狗兒血統和年齡的正常飲食量是多少？然後將一天的分量分為三份分時餵食狗兒。訓練狗兒先工作才能得到食物，在每天進餐前，帶著狗兒去散步（簡短快速的路程即可），接著在狗兒面前將飯碗拿出，然後將狗兒留置屋內，再將飯碗藏在屋外的某處，隨即打開門指示狗兒去尋找食物。

家裡的狗兒沒有胃口，我要如何引導牠吃飯呢？

　　先確定你幫狗兒準備的食物是否美味，並且適合牠的血統。記得永遠要在運動完後才餵食狗兒，還要減少零食和人類的美食，同時在狗兒飼料中加入少量含有白花肥油的絞肉（中大型犬的份量大約一個網球大小，小型犬則減為一半），增添食物的美味。

　　改變進食方式，讓用餐時間更有趣好玩。每天將飯碗放置在不同的地方（天氣好的話可以放在戶外），然後用響片或獎勵哨聲來告知狗兒吃飯時間到了！（見第74-75頁）

上圖：放任狗兒在戶外隨意走動時，仍要確保可以掌控狗兒的行動，以免傷害了路人和其他狗兒。

保護主人、攻擊他人

當散步途中狗項圈被拿掉時，狗兒會認為被賦予的任務，就是盤查路人或其他狗兒。支配欲強或容易緊張的狗兒在此刻會提高警覺，機警地探查和驅離（從牠們的角度來看）任何會對主人造成危害的事物。

為何會攻擊他人？

狗兒會把一段散步過程當作是一場巡獵行動，主人有時會卸下狗兒的項圈，讓牠自由自在地在充滿驚奇的草地奔跑，有時主人會幫狗兒綁上牽繩在無聊的街道上走走。當主人期待與狗兒來一場無憂無慮又自在的散步，狗兒可能會配合演出，友善且無懼地對待路上的行人和狗兒。但若是主人表現得很擔心緊張，害怕狗兒或行人會面有所不愉快，狗兒會認為自己有保護主人的必要。無形中，主人就將保護和指導權交給了狗兒，引發狗兒攻擊他人的行為。

這種攻擊行為很有可能發生在有強烈護衛精神和趕集本能的犬類身上，例如：馬士堤夫鬥牛獒犬、都伯門杜賓犬、德國狼犬、比利時牧羊犬、羅威納犬和邊境牧羊犬的犬種。這些血液中流有保護和控制本能的狗兒（經過同種異系交配後，被刻意留下特徵），懂得觀察主人的一舉一動，並從主人身上的氣味感受到主人的緊張。當牠們發現苗頭不對，就會憑藉自己的判斷決定是否要攻擊對方。

如何確保狗兒不會任意跑到路人和其他狗兒身邊盤查他們？

隨時帶著狗兒喜歡的玩具來吸引牠的注意力，預先在家裡附近和公園中用獎勵哨聲訓練狗兒來告知狗兒：快來撿玩具吧！（見第 75 頁）。每當狗兒撿回一次玩具，就用點心獎賞牠，當訓練結束時（遊戲時間大約數分鐘），把玩具收起來並等到散步時才拿出來使用。

請一個朋友帶著銅片（見第 75 頁）來假扮路人（可以攜帶狗兒或者獨自扮演），如果狗兒撲向路人，就請路人使用銅片移除法，而此時主人用獎勵哨聲呼喚牠。

若是狗兒仍然過度反應和發出攻擊，就用遙控噴霧項圈來制止狗兒的行為（見第 74 頁）。

卸下牽繩的危機

若散步途中發現主人突然變得很緊張,幾乎所有的狗兒都會奮不顧身地保護主人(團體領導),以確保社群生活不會因此瓦解。聰明樂觀的狗兒(尤其是受過基本訓練的狗兒)在出手前,懂得先觀察主人的反應才決定是否行動,如果主人沒有發出攻擊,狗兒就會相安無事地繼續散步;但要是主人激動起來,就會激起狗兒保衛主人的鬥志,身上沒有綁牽繩的狗兒會圍堵目標物並朝著它吼叫,直到聽到主人的呼喚才會善罷甘休,有些狗兒甚至不理會主人的呼喊(見第102-103頁),一步步逼近目標物仔細查看,有些犬種還會咬對方一口。

套上項圈

碰到上述情形時,如果狗兒身上綁有牽繩,牠們可能會舉起前腳跳起並撲向對方。建議可以在狗兒身上配戴有緩衝防墊的頭頸式牽繩,當狗兒有飛撲行為時,就可以成功地將狗兒拉回,這種項圈就如同配戴在馬兒身上的韁繩一樣,可以控制狗兒身體的移動方向。當狗兒拉扯時,頭頸式牽繩可以將狗兒轉向另一邊並限制行動。

如果狗兒在散步時所發生的飛撲行為日益嚴重,可以考慮採用導正方法,像是氣壓鳴槍(糾正狗兒的行為),接著再壓下響片(鼓勵正確的反應並加深印象)。請一位朋友來扮演路人的角色,見到狗兒撲向他的時候壓下鳴槍(導正行為),若狗兒冷靜下來,就嘉獎牠的行為。

下圖:狗兒在公共場合裡朝路人的飛撲是不受歡迎之舉,可以利用情境引導來改善狗兒的飛撲行為。

上圖：這種項圈可以控制緊張的狗兒不到處亂跑和避免狗兒拖行。

攻擊路人和其他狗兒

無論狗兒是出於支配欲、害怕、保護心態而攻擊他人，如果狗兒無法被制止，主人就要負很大的責任。許多主人最常做出的應對方式，就是更改散步時間和路線來迴避路人，但是這種方式治標不治本，無法根治狗兒的攻擊行為。

狗兒為何攻擊路人和其他狗兒？

一隻個性隨和、知足有安全感的狗兒，同時也從未被其他狗兒攻擊過，或是被路人凌虐過的經驗，理所當然地都會抱持愉快的心情迎接路人（見第 96－97 頁和第 100－101 頁）。反之，如果一隻曾經受過其他狗狗襲擊的狗兒，通常會提高警覺心並採取「先發制人」的攻擊對策，牠們一動也不動並豎起頸背部的毛髮，在別的狗兒沒有預警的情況下發出攻擊。

沒有安全感和攻擊性強的狗兒，牠們的身體狀態就像是上了膛的槍，因為牠們隨時處於戒備狀態，身體的腎上腺素濃度高漲，隨時會衝入大腦觸發拚命或逃命反應（見第 24－25 頁）。

狗兒會觀察對方狗兒的血統和性別來決定是否受到威脅，如果碰到，牠們的是人類，則會用人類的身材大小和衣服的顏色判斷是否自己身陷危險當中。如果路人手拿著一根長條棍子或是身穿黑色衣服和帽子，狗兒就會有威脅感。在野外，狗兒的直覺聯想本能扮演著非常重要的角色，牠們必須學會認識致命的蛇類、有毒的獵物，不然下次可能會因此喪命，所以第二次接觸和先前經驗，對於狗兒來說非常重要，也決定了狗兒的反應。

導正狗兒散步時做出的攻擊行為

請家中有養小狗的朋友或是鄰居幫忙參與狗兒的「行為改造課程」，在一個適合的環境下介紹其他平靜的狗兒給你的愛犬認識，讓牠知道並非所有的狗兒和人類都有攻擊性。把兩隻狗兒帶到一個牠們都陌生的中立地帶，你越能熟悉地掌控這個環境，行為改造課程就會越有成效。

記得進行課程時要保持心情平靜，在出發前準備好全部的所需物品和衣物，出門時間拖延太久容易讓狗兒變得焦躁過動和不耐，如果狗兒在散步前就過度激動，腎上腺素的增加會影響牠的行為或激起攻擊行為，就事先為狗兒套上項圈和頭頸式牽繩（見第 137 頁）；如果狗兒非常健壯有力且攻擊性強烈，可以幫牠戴上口罩。

行為改造課程——散步

散步是訓練愛犬聽從你的好機會，可以加強主從關係。

1. 在走近指定的中立地帶之前，先帶愛犬到別處散步，如果愛犬在接近路口、路人或其他狗兒的時候感到緊張，先教愛犬坐下並壓下響片和給予獎勵（輕拍、零嘴或口頭獎勵）。

2. 來回指示愛犬坐下數次並用響片鼓勵以加強信心，偶爾穿插食物獎勵。

3. 當另一隻狗兒接近時，稍微鬆開手上的牽繩並保持放鬆。只要你稍微感到緊張，你的愛犬都可以透過牽繩上的荷爾蒙氣味察覺到你的不安。請另一隻狗兒走近愛犬身旁並保持約 10 公尺的距離，如果這時愛犬還是穩穩坐著，就再獎勵牠（壓下響片、給予點心或玩具）。讓愛犬側身站立面對另外一隻狗兒，這樣可以降低兩方的支配欲、減少衝突發生的可能。每隔一分鐘就重複地壓下響片來鼓勵愛犬良好的行為並抓住牠的注意力，但不要給予食物。你可能需要用特殊的玩具來集中愛犬的注意力；或者利用獎勵哨聲和小球讓愛犬聯想到食物，藉此幫助愛犬保持專注和冷靜，只要牠沒有壞事就不斷地鼓勵牠。同時要忽視愛犬興奮的舉動，以免不小心讓愛犬誤以為牠的舉動是值得被鼓勵的。

4. 帶著愛犬繞圈，不時地與另外一隻狗兒打照面，然後利用響片和零嘴獎勵愛犬聽話的表現。假使兩方都能保持友好的態度，就漸漸地拉近彼此的距離。

5. 如果愛犬都沒有做出任何激情舉動或攻擊行為，就好好地獎勵狗兒一番（任意地壓下響片並給予食物），讓訓練過程劃下完美的句點。

讓愛犬多多重複溫習課程，次數越多越好，慢慢地拉近愛犬和另一隻狗兒的距離，直到和平共處的距離縮短為 1 公尺左右為止。銅片移除法也可以在此課程中用來中斷愛犬任何不當的行為（見第 75 頁）。

下圖：模擬狗兒散步時碰到其他狗兒的情況，來給狗兒上一堂「行為改造課程」成功地改變狗兒的行為。

上圖：碰到家禽時，狗兒若能表現得聽話乖巧，別忘了輕拍你的狗兒或給牠點心當作獎勵。

追逐家禽家畜

　　看到家禽時，一如獵食者看到獵物一樣，狗兒會受到本能驅使追向牠們。這個特徵經過血統配種的方式刻意被保存下來，在許多邊境牧羊犬和與其雜交的犬種如：德國狼犬、比利時牧羊犬和其他梗類犬種的身上可以看到。

　　因為在日常生活中，狗兒缺乏刺激來發揮牠們與生俱來的本能，所以無法得到工作上的滿足感，而這些工作包括：協尋獵物、趕集羊群、保衛家園、獵捕齧齒類動物和害蟲。研究專家也說，狗兒追逐家禽的行為，可能是因為狗兒在幼犬時期到性別成熟前的這段時間，社交互動和生長環境有缺陷所造成。如果狗兒在家裡附近或是散步的途中，常會碰到正在放牧吃草的家畜，狗兒有可能會興起獵捕的念頭而攻擊其他動物，這樣的行為可能會換來對方主人的處死懲罰。同時，當狗兒看到獵物被觸發逃命反應時，牠們會變得更堅定地追逐獵物、更樂在其中，不知不覺中狗兒就追上了癮。

狗兒的專注力

　　在行動沒有受限的情況下，狗兒會衝向目擊的家禽家畜，受到大量的腎上腺素驅使，牠們會花好幾個小時穿越荒野，緊追目標物不放，直到精疲力竭，甚至有可能迷了路。那些迷了路又飢餓的狗兒，最後可能會被尋獲牠們的人收養，或是淪落到收容所去。

　　倘若你家的狗兒執著於追趕動物，又非得

在牧群出沒的附近區域散步，請務必幫狗兒帶上項圈、綁好長型的牽繩。因為如果偏執的狗兒又因追趕家畜而失去蹤影，你可能要花上好幾個鐘頭的時間把牠找回，更難以接受的情況是狗兒可能會一去不回。

如何處理狗兒追逐家畜的問題？

遙控噴霧項圈可以用來嚇阻狗兒追逐家畜的衝動。同時，也可以用來防止狗兒追逐其他的人事物，像是車輛、玩滑板的人、腳踏車騎士、摩托車騎士。

另外，如果狗兒在散步時常常不理會你的呼喚或不聽話，可以使用長型的牽繩（類似馭馬的柔軟長繩）或是加長版的頭頸式牽繩（見第 137 頁），來限制狗兒的行動。如此一來，狗兒可以在散步時自由行走，如果牠不理會呼喚時，你可以吹出獎勵哨聲引誘狗兒（見第 75 頁），並把狗兒拉回身邊。幾個月後，當狗兒熟悉散步路線並能回應你的呼喚了，再考慮放任狗兒自行散步。

下圖：如果狗兒卸下攻擊心防和保持冷靜，就能發揮動物間的好奇心相互打招呼。

8. 健康

上圖：狗兒突然變得非常黏你，有可能是一種因身體的病痛所反映出的心理反應。

影響狗兒健康的要素

直接影響：

- 身體上的問題：先天性的心臟缺陷、臀部和肘部關節發育不全、關節炎、癲癇、急性感染
- 慢性病：需要長時間定期看醫生
- 外科手術：結紮手術
- 荷爾蒙改變：當狗兒到達性別成熟階段左右
- 身體上的創傷：車禍之後所造成的傷害、器官受損

家庭的因素

- 家庭成員的改變：失去了家人、新成員加入、搬進新家庭裡
- 主人改變生活作息方式
- 主人生病或住院
- 罹患過度依賴主人方面的疾病
- 主人得了焦慮症、憂鬱症、或情緒崩潰
- 遭受身體處罰、過分管教

其他因素

- 狗兒被領養、曾任職救難犬
- 遭受人類虐待
- 遭受其他狗兒或動物攻擊
- 家裡失火或遭受小偷入侵
- 受煙火或工業噪音所擾
- 被大自然的聲音驚擾，如：雷聲、磅礴大雨

健康警訊

狗兒性情大變一定是其來有自，一隻開心樂觀的狗兒，不會一夕之間就變成雙重性格，如果你發現家中的狗兒突然之間改變了個性，背後必有原因，但是這個原因不一定容易察覺。

何時該開始擔心狗兒的健康？

雖然了解狗兒突然變得躲躲藏藏或脾氣火爆的原因並不會解決問題，但可以幫助你了解原因背後潛藏的危機和影響。

如果家裡的狗兒只是短暫地改變飲食睡眠作息，並不用大驚小怪，但是若發現任何不尋常的重大改變，就該好好檢視一下狗兒的健康狀況了。

隨著年齡的增長，狗兒身體的狀況可能會大不如前，如犬類常見的疾病：髖關節發育不全症，這類的疾病可能會益發嚴重（脾臼和股骨頭部球體無法緊密結合），這種病症所帶來的疼痛會影響狗兒的心情，尤其在劇烈運動和散步後，狗兒可能會無法行走或是一跛一跛地走路，而且會想避免走路多休息。長期飽受關節痠疼的狗兒，也會漸漸地變成脾氣暴躁的小頑童。這種慢性病發展的前期，狗兒會在走下樓梯或跳上車子的時候發出奇怪的叫聲，甚至於在散步時感到疼痛而發出低吼。

接受檢查和治療

狗兒無法開口告訴你哪裡不舒服，所以主人無法察覺體會狗兒的感受，但是當你發現狗兒有生病的跡象，可以請獸醫師協助身體檢查來找出病因，包括安排：X 光照攝和斷層掃描。像髖關節方面的疾病，除了可以透過專業的療程來減輕狗兒的痛苦，還可以在生活方式上做調整來改善狗兒的病況，比如：以輕鬆短程的散步、定點的躲貓貓遊戲方式來取代劇烈費力的運動，以降低身體的活動量。生病的時候，狗兒和牠們的主人一樣，需要藉由休息來恢復元氣和改善病況。

心理和生理的交叉警訊

　　就像人類一樣，生病時如果狗兒保持樂觀開朗，就比較有可能趕走病魔，但若顯得鬱鬱寡歡就容易被病痛感染、被病毒擊垮。這是因為人類和狗兒的免疫系統在身體感到壓力的時候，會變得比較脆弱、不堪一擊。以下幾點詳述狗兒在生病時，身體會顯現的病兆。

腸道感染疾病和小病毒腸炎（出血性腸胃炎）的病徵

- 腹瀉（一天數次拉出稀稠的糞便）和不斷嘔吐
- 發炎（紅斑）、眼睛和耳朵流出分泌物
- 糞便異色
- 體重減輕
- 嘔吐（若發現有虛脫和痙攣的現象，可能代表中毒）

寄生蟲感染和皮膚過敏的病徵

- 不停地抓癢
- 脫毛、禿塊出現

眼睛感染的病徵：如紅眼症和青光眼

- 不明分泌物
- 發炎、腫起
- 淚腺堵塞
- 灰色眼翳、白內障
- 第三眼瞼顯露（有些血統是正常情形）
- 紅腫

感染的病徵：如紅眼症和青光

- 大量地喝水
- 無精打采
- 沒有食慾
- 體重驟減
- 眼睛變色

癲癇、心臟疾病發作、氣管堵塞的病徵

- 抽搐
- 激烈不斷地咳嗽

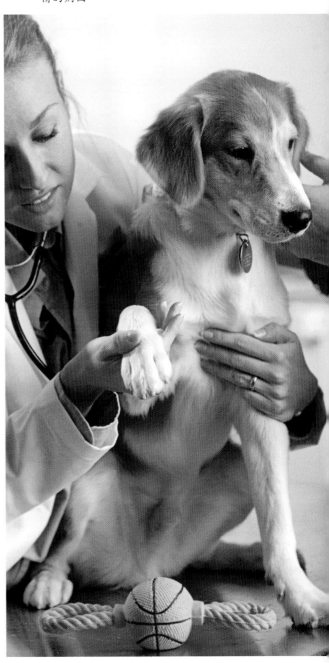

下圖：獸醫師可以藉由身體檢查，找出影響狗兒心情的病因。

上圖：年輕健壯的狗兒卻變得病懨懨、不理人，還會迴避人群，通常是承受心理壓力造成的反應。

犬類憂鬱症和壓力症候群

每個飼主所期待的親密程度不同，所以無法明確地定義狗兒是否罹患憂鬱症和壓力症候群，憂鬱症和壓力症候群的病徵不易察覺，需要經過客觀地觀察才能發現。只要觀察狗兒獨處時的行為和對外反應，就可以得知狗兒是否罹患憂鬱和壓力方面的疾病。

初步的改善方法

狗兒得憂鬱症的情形非常少見，而引起狗兒憂鬱的原因不止一個，也不易察覺。飼主可以求助獸醫師的幫忙，做個初步的診斷來了解原因。也可以透過獸醫師的介紹，為狗狗找一個行為治療師來設計行為導正課程，幫助狗兒改善病況。

心理造成四肢失靈

狗兒突然變得手腳不聽使喚，並不一定是四肢出了毛病。研究顯示：狗兒可能從受傷經驗學會生病可以得到主人的關愛注意，所以假裝生病。當狗兒上演假性四肢失常的行為後，主人需要進一步檢測為何狗兒要採取此手段來搏取同情。當你發現狗兒天天將頭或腳掌賴在你的膝蓋上，可能就代表牠過度依賴你了。

躲避人群

另一個不容易被察覺的心理疾病引發的行為，就是狗兒開始迴避社交生活的行為（見第 132 - 133 頁）。狗兒看到有訪客來時，就

跑到床或傢俱下面躲藏起來，這對於熱衷人際生活的狗兒來說是一種反常行為，有些人會說這跟個性有關，就像人類一樣，有人天生膽小怕生，而有人比較活潑外向。無論狗兒躲起來的原因為何，飼主應該要採取更溫和的手段，藉著散步和獎勵性質的遊戲來鼓勵狗兒走向人群，而非一味地把「害羞的狗狗」硬生生地拉到客廳裡接客，這樣非但無法解決問題，還可能適得其反。

獨自在家的狗兒

狗兒行為異常時有徵兆，過度依賴主人的狗兒通常都會在假日結束後（一個星期開始的頭幾天），因為無法忍耐與主人分離的痛苦而做出許多問題行為，像是：破壞東西、過度吠叫、隨處大小便。過度吠叫的狗兒會喝很多水（超出平常的飲水量）來解渴。

不是所有忠心耿耿、如影隨行的狗兒，都有過度依賴主人的傾向或是心理方面的毛病，牠們只是喜歡跟著主人的屁股穿梭於房間和家裡，一旦主人離開了，牠們會認命般地接受與主人分離的時間，並耐心地等候主人回來。只有那些在獨處時會做出異常行為的狗兒才需要多加注意關心。

過度舔舐梳理

主人看到狗兒有條不紊地舔舐著自己的腳掌和大腿內側時，通常不會認為這是過度壓力造成的緊張行為，這種行為是狗兒保持毛髮整潔的本能動作，當受傷時狗兒也會舔舐傷口，藉著唾液中的成分治療傷口（就像人類割傷指頭時會吸吮指頭一樣）。但是當主人察覺狗兒舔理身體的次數超出平常的頻率時，就該開始注意狗兒是否因為壓力而引發強迫行為（見第 148－149 頁）。這種徵兆不容易被察覺，因為狗兒通常都在主人不在的情況下才會做出這種異常行為。

下圖：依依不捨地看著主人離開，主人才離開一會兒就變得焦躁不安，可能是狗兒罹患分離焦慮症的警訊。

上圖：面對心理壓力的時候，狗兒不斷重複一樣的動作，一如這隻狗兒一樣不停地抓癢。

強迫症候群

狗兒過度重複一樣的動作，主要是因為腦神經內的激素失衡，加上沒有安全感所造成，類似的情形就像是：過度吠叫、追著自己的尾巴、不停地咀嚼同一個東西。

一隻超級黏人的狗兒，常常無法承受與主人分離的壓力而罹患分離焦慮症，觸發原因可能包括：被領養後、開刀後留下的後遺症、生病、發生意外、主人的作息改變、突然失去親人或同伴（人類或狗兒）、疾病、個性緊張、還有搬家……等因素。曾經擔任過救難犬和更換過飼主的狗兒，也比較害怕失去新主人，因為沒有人向牠們解釋，為什麼先前和牠日夜作伴的主人，會在一夕之間不見蹤影了。狗兒在主人不在的時候會做出異常的強迫行為，病情嚴重的話，就連主人在別的房間時或晚上睡覺的時候，狗兒都會發作，更有一些特殊的例子當中發現：狗兒連家中還有其他成員的時候，也會做出異常行為，這樣很難察覺狗兒是否罹患了分離焦慮症。

雖然狗兒的病徵和人類的分離焦慮症的情況非常類似，但因狗兒只有在四處無人的時候才會做出異常的強迫舉動，這也難怪主人沒有察覺異樣了。想要了解狗兒的病情，最好的方法就是在家中架設攝影機，把狗兒在家所發生的異常舉動攝錄下來，記錄十五分鐘左右的帶子，然後從中找尋狗兒罹患分離焦慮症的線索。

常見的重複性動作

狗兒習慣做出的強迫行為如下：

- 不停地吠叫
- 追著自己的尾巴跑
- 追逐閃光、光影
- 過度梳理毛髮（舔吮）
- 持續抓劃東西
- 不停地挖洞
- 老咀嚼同一個東西
- 不停地繞圈
- 來回踱步
- 咬空氣（想要抓住空氣中的不明物體）
- 追逐移動的物品：家畜、摩托車、慢跑者……等

右圖：高度警覺和沒有安全感的狗兒，常常會對著害怕的聲音和東西吠叫，而不知不覺叫上了癮。

壓力和懼怕的跡象

狗兒因為壓力而引發的偏執、無目的性、重複性的行為，都可以視為偏執行為。而罹患強迫症候群的狗兒（和人類的強迫症一樣），除了會做出重複性的偏執行為以外，還包括其他的反常行徑。患有強迫症的狗兒，可能因為被某個特殊事物所觸發，而變得極度興奮，一如有些狗兒看到反光和聽到門鈴聲時會特別敏感激動，有些容易緊張的狗兒可能會因為送信的郵差而引起強迫和反常行徑。但是在眾多的強迫症跡象中，有些行為卻很難讓主人聯想到與強迫症有關。

因為觸發狗兒強迫行為的原因，可能是深藏在狗兒的內心裡，聽到門鈴聲的同時，狗兒可能會因為得知客人要來而變得興奮不已，但也有可能把門鈴響看作是要跟牠搶主人注意力的假想敵；狗兒也會認為聽到電話響就代表主人又要不理牠了。這些心理因素會讓狗兒變得侷促不安而引發激烈的反應，或者是轉向變成替代行為如：執意要追逐目標物、吠叫、躲在角落、四肢假性癱瘓，破壞行為和隨便大小便。

如何改善狗兒強迫症的病情和行為？

懲罰責罵或是安慰輕撫都是錯誤的處理方式，這些只會適得其反，幫助強化狗兒的行為，因為狗兒會誤以為，你也為了同一件事感到焦躁不安而同樣產生強迫行為。最重要的是找出狗兒壓力的來源對症下藥，然後在家裡設置一個專屬的藏身處增加狗兒的安全感（見第 121 頁）。

1. 目睹狗兒做出強迫症的重複行為時，冷靜地使用銅片移除法，讓銅片的聲音喚起狗兒對食物被移除的印象（見第 75 頁），同時避免眼神交流、身體接觸或開口向狗兒說話。

2. 一旦狗兒停止動作，馬上壓下響片讓狗兒聯想到食物獎勵，但要記得在這個時候還不需急著給狗兒獎品（食物、身體接觸、玩具）來強化印象。只要狗兒維持冷靜，不多作反應，每隔一分鐘就壓下響片。

3. 若狗兒又企圖開始動作，即刻用銅片阻止，然後再用響片獎勵安定的反應，即便狗兒只有維持片刻安靜。（在此階段，如果狗兒舉止得宜，持續每隔五分鐘壓下響片來鼓勵狗兒）。

4. 可以在窗戶上增添窗簾，並禁止狗兒在大門、花園、走道任意行走。從生活中減少狗兒直接接觸外界的機會，來削弱狗兒企圖保衛家土的動機，以防止狗兒過度吠叫。等狗兒不再隨時盯梢，再放狗兒自由。

記得要移除任何會刺激狗兒的事物，因為一旦狗兒受影響而做出強迫症的行為，這些行為促使大腦所釋放的荷爾蒙，會帶給狗兒一種「回饋性舒服感覺」，因而讓狗兒上癮而無法停止。

當你看到眼前的狗兒像是看到鬼似地發呆出神，這種不尋常的反應有可能是癲癇的前兆。某些特定品種的狗兒較有癲癇發作的傾向，有些狗兒甚至會昏厥過去，不醒人事。

癲癇發作

為何會引發癲癇？

癲癇是一種腦神經失常的疾病，發作時常伴隨著抽搐和導致昏迷。通常因為腦神經放電或活動異常，使得腦內化學物質失衡而導致癲癇發作。當發現狗兒有不尋常的反應時，好比說靜止在樹叢或傢俱下發呆，有可能就是輕微癲癇發作的症狀。有時候你會發現：狗兒前一秒還狼吞虎嚥地吃飯，下一秒就像時間停止一般變成雕像。情況危急時，狗兒會呼吸急促困難，並在倒下前找地方休息。在失去意識一段時間醒來後，狗兒會迫切地找水喝，然後喝下大量的水。

癲癇好發的品種

有些品種的狗兒，像是梗犬類品種，常出現局部性或全面性的癲癇症狀。有些較少人豢養的品種，如：英國牛頭梗、獵狐梗犬，還有比利時牧羊犬種及其表親，都常發生不同的癲癇症狀；另外較受歡迎的品種像是：貴賓犬、拉布拉多獵犬、黃金獵犬，也有可能會受癲癇症影響。

犬類癲癇發作

雖然某些特定血統的狗兒有著癲癇體質，但是狗兒也像人類一樣，可能因為疲倦、壓力、過度激動、過敏等外在因素（導致腦部化學物質失衡）而引發昏厥或癲癇。看到你的寵物出現類似癲癇的前兆時，如跌倒、不停眨眼的動作，可以快速將狗兒移到安靜的角落，藉著休息靜養來減緩症狀，醒來的時候狗兒會很快地恢復行動能力，而且會很想要喝水。主人帶領好發癲癇的狗兒活動和遊戲的時候要特別注意，盡量以短程的散步取代傷神耗腦力的遊戲和激烈的運動。

<u>上圖</u>：英國牛頭梗常會出現發呆的情況，是好發癲癇的品種。

有什麼方法可以治療罹患癲癇症的狗兒？

當獸醫診斷出你的愛犬有癲癇症的傾向，可以透過每天服用鎮癲劑（巴比妥酸鹽）或鎮靜催眠劑的治療方式來減緩病徵，多數的狗兒在經過服藥後，多半能全然避免發病或減少癲癇的程度。

狗兒出現發呆或步履蹣跚的情況時，應盡速將牠移到專屬的藏身休息處休息（見第121頁），直到症狀退去，同時也可以將狗兒的飯碗放在一個高一點的平台上，這樣可以避免狗兒因低頭吃飯時引發輕微的癲癇。

在發現狗兒恍神發呆的時候，也可以利用獎勵哨聲（見第75頁）或是發聲的玩具來轉移牠的注意力，給狗兒吃一些點心後，讓牠好好地休息一下。

懷孕期間

懷孕的母狗受到身體荷爾蒙的影響，會做出許多母性舉動。如果你家的愛犬是意外受孕，也可以從一些徵兆中看出牠懷孕的跡象，有時候還未讓獸醫驗孕之前，就可以證實母狗已經懷孕。

上圖：雖然幼犬黏人又不容易照顧，母狗媽媽還是會保持冷靜並很有耐心地照顧牠的孩子。

懷孕徵兆

在刻意配種計畫下，可以藉由觀察母狗在性情上是否有產生變化，來得知是否有受孕成功。受孕後，第一個明顯的徵兆通常是身體微恙和不適，主人可能會發現母狗變得有點難搞，也可能誤以為與發情期有關。依據每個母狗不同的個性，會有不同的反應。有些母狗在

下圖：懷孕的母狗會本能地尋找溫暖舒適的環境休息，並在生產前找到最適合的地點築巢。

這時會常常黏著家中的女主人，這是因為在野外生活中，通常是領袖母狗（Alpha Female）負責懷孕孕育下一代。在領袖母狗懷孕時期，其他位階較低的母狗會給予領袖母狗許多協助來度過這非常時期。

為了確保幼犬生存下來並平安快樂地長大，母狗之間（有別於公狗）會減少競爭衝突。

公狗在彼此競爭時，會擺出帶有宣示意味的姿勢，例如：豎起頸背部的毛髮，同時直挺挺地站著告知對方要小心，以避免不必要的衝突，但這種情況在母狗之間卻很少見。不過母狗不善表達敵意的情況，可能更容易引起戰爭而受傷，因為沒安全感的母狗會因為緊張而出擊。

築巢行為

母狗受孕第二個明顯的徵兆，是母狗開始在找尋家中溫暖又安靜的角落休息，狗兒會變得想待在家中休息而不想出門。最後母狗會變得侷促不安，例如：在家裡就想往外跑、到了戶外後又想返家的困窘情況，或是對於現居的狗窩感到不滿意，還有在睡覺前會做出更多的繞圈動作才會躺下，這種深植狗兒腦海裡的下意識動作，是為了要確保地面上沒有蜘蛛和蛇類，維持巢穴的舒適。

受到身體荷爾蒙的驅使，母狗會開始在桌子、椅子、床底下，或是儲藏室裡堆疊的紙箱中間找尋適合的棲身處，這是母狗在野外築巢的替代行為。專業的育種飼主會特地在家中安靜的角落，為母狗準備一個紙箱讓牠在裡面築巢和生產。有些母狗不太領情而會自行尋找僻靜的角落作為巢穴，研究顯示，母狗選擇的地點多半是在屋內或是室外屋簷下，有些流浪的母狗甚至於到了幼犬四週大左右，才探出巢穴開始活動。

假性懷孕

倘若一隻沒有懷孕的母狗也開始做出築巢反應，有可能是假性懷孕。這是因為母狗腦中的黃體荷爾蒙失調，而使身體出現了初期懷孕的徵兆。臨床資料顯示，有飼主目睹家中的母狗死命地抓劃桌子或床底下的地毯，讓人聯想到懷孕狗兒才有的築巢行為。如果情況嚴重的話，可以請獸醫師開處方調理狗兒體內的荷爾蒙來改善情況。

下圖： *所有的母狗在發情期時，受到荷爾蒙改變的影響，都會做出一些異常的舉動。*

老化過程

狗兒衰老的表徵跟人類大同小異——牠們會長出灰白的鬍鬚、眼神變得較黯淡無光、關節也會變得僵硬。當狗兒七歲大的時候，換算成人類的年齡就大約是中年左右，準備進入老年期了。

上圖：比起在寒冷的冬天散步，年邁的狗兒寧願守在溫暖的火爐旁好好休息。

狗兒年齡的換算

研究學者解釋狗兒成長到一歲時，換算成人類的年齡大約為十四歲左右，爾後每隔一年就等同於人類成長了七歲。這是因為狗兒多半在一歲左右時，性別就達到成熟。這個算法只能當作參考方針，因為雖然大型犬只能活到十歲左右，但是多數中小型的犬類生命都可長達十六年之久，甚至更長久。

中年的狗兒不需要長時間散步或大量的遊戲，平常的散步可以改為用輕鬆踱步的方式，到附近的商店逛逛即可。但是好動不服老的狗兒，還是會企圖跳過牆面和柵欄，或是在野地上追逐，但是牠們終究要為自己的行為付出代價——隨之而來的痠痛肌肉、僵硬關節和疲憊不堪。

一把老骨頭

大自然中所有動物變老的徵兆都是一樣的，狗兒衰老的過程就像人類一樣，骨頭會變得僵硬，身體也會產生很多病痛，行動力和活力也會漸漸地降低。這個階段主人可能要協助狗兒抱著牠們上下車。下午時間狗兒會慵懶地躺在灑滿陽光的客廳打盹，寒風冷冽的夜晚裡也會躲在溫暖的火堆前面取暖，雖然狗兒還是享受長時間的散步時光，但是骨頭和肌肉隨後產生的痠痛會讓狗兒更吃不消。

狗兒衰老後，色澤飽滿的毛髮會漸漸灰白，有些還會產生掉毛的現象，並且出現明顯的禿塊。同時，狗兒的胃口也會變得大不如前，常常吃不完飯碗裡的飼料。這時候飼主可以減少狗兒用餐的分量，並且選擇低蛋白質的飼料（專為年老狗兒設計的糧食）。

年邁的狗兒出現大小便失禁的情況不足為奇，如果狗兒被關在同一個地點過久，或是整夜待在家裡，就容易發生失禁情況。如果狗兒有尿失禁的情形，建議可以到動物醫院請獸醫檢查狗兒的泌尿系統。務必記得處罰不能改變狗兒尿失禁的問題，尤其是對年老的狗兒更是無效。

生命終了時

狗兒十歲左右，就如同人類的八、九十歲了。這時狗兒的反應會變得遲緩，並且變得不太計較，隨性認命地看待週遭的變化。有時狗兒在將死之前，身體毛色突然增加光彩、活力突然變得旺盛，好像恢復了健康。這是身體內荷爾蒙最後的一次衝刺，就像生命中最後一道彩虹，也是人類所謂的迴光返照。當你了解狗兒生命已到終點的時候，會更想陪在牠的身邊，如果不忍看到年老的愛犬因為病痛而掙扎，可以尋求獸醫的幫助減輕疼痛。

當然你和家人都無法輕言提出讓狗兒接受安樂死的決定，但是讓狗兒走得安祥，也是你能對狗兒所做的最後也是最仁慈的一件事。你可以請一些親朋好友幫忙（和狗兒沒有深厚感情）代為處理必要的手續，請記得不要一味地沉淪在失去愛犬的悲慟中，而是要將你的心思放在那些與愛犬曾經共度的美好時光。為愛犬辭世而感到哀傷是人之常情，但是多想想和狗兒共度的歡樂時光，能幫助你早日走出悲傷。

下圖：曾經活躍的狗兒，很認真開心地和主人共度了生命的每一天，而現在生命已步入暮年。

Know Your Dog
愛 犬 完 全 教 養 事 典

作　　者	大衛・桑德斯 博士（Dr. David Sands）
譯　　者	劉珈汶
發 行 人	林敬彬
主　　編	楊安瑜
編　　輯	蔡穎如
校　　對	李蓮雅
內頁編排	帛格有限公司
封面設計	帛格有限公司
出　　版	大都會文化事業有限公司　行政院新聞局北市業字第 89 號
發　　行	大都會文化事業有限公司
	110 台北市信義區基隆路一段 432 號 4 樓之 9
	讀者服務專線：（02）27235216
	讀者服務傳真：（02）27235220
	電子郵件信箱：metro@ms21.hinet.net
	網　　　址：www.metrobook.com.tw
郵政劃撥	14050529 大都會文化事業有限公司
出版日期	2009 年 10 月初版一刷
定　　價	320 元
I S B N	978-986-6846-76-2
書　　號	Pets-017

Metropolitan Culture Enterprise Co., Ltd.

4F-9, Double Hero Bldg., 432, Keelung Rd., Sec. 1,Taipei 110, Taiwan

Tel:+886-2-2723-5216　Fax:+886-2-2723-5220

E-mail:metro@ms21.hinet.net

Web-site:www.metrobook.com.tw

First published in 2008 under the title Know Your Dog
by Hamlyn, part of Octopus Publishing Group Ltd
2-4 Heron Quays, Docklands, London E14 4JP

大都會文化
METROPOLITAN CULTURE

國家圖書館出版品預行編目資料

Know Your Dog：愛犬完全教養事典 / 大衛・桑德斯
（David Sands）著；劉珈汶 譯．
　　-- 初版 . -- 臺北市：大都會文化, 2009.10
　　面；　公分 . -- (Pets; 17)
譯自：Know Your Dog：Understand how your dog thinks
　　　and behaves
ISBN 978-986-6846-76-2（平裝）
1. 犬　2. 寵物飼養

437.354　　　　　　　　　　　　　　98016508

大都會文化
METROPOLITAN CULTURE

Know Your Dog
愛 犬 完 全 教 養 事 典

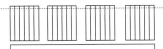

北 區 郵 政 管 理 局
登 記 證 北 台 字 第 9125 號
免 貼 郵 票

大都會文化事業有限公司
讀者服務部收

110 台北市基隆路一段 432 號 4 樓之 9

寄回這張服務卡 (免貼郵票)
您可以：
◎ 不定期收到最新出版訊息
◎ 參加各項回讀優惠活動

大都會文化 讀者服務卡

書名：**Know Your Dog 愛犬完全教養事典**

謝謝您選擇了這本書！期待您的支持與建議，讓我們能有更多聯繫與互動的機會。

日後您將可不定期收到本公司的新書資訊及特惠活動訊息。

A. 您在何時購得本書：＿＿＿年＿＿＿月＿＿＿日

B. 您在何處購得本書：＿＿＿＿＿＿書店，位於＿＿＿＿＿＿(市、縣)

C. 您從哪裡得知本書的消息：
　　1.□書店　2.□報章雜誌　3.□電台活動　4.□網路資訊
　　5.□書籤宣傳品等　6.□親友介紹　7.□書評　8.□其他

D. 您購買本書的動機：（可複選）
　　1.□對主題或內容感興趣　2.□工作需要　3.□生活需要
　　4.□自我進修　5.□內容為流行熱門話題　6.□其他

E. 您最喜歡本書的：（可複選）
　　1.□內容題材　2.□字體大小　3.□翻譯文筆　4.□封面　5.□編排方式　6.□其他

F. 您認為本書的封面：1.□非常出色　2.□普通　3.□毫不起眼　4.□其他

G. 您認為本書的編排：1.□非常出色　2.□普通　3.□毫不起眼　4.□其他

H. 您通常以哪些方式購書：(可複選)
　　1.□逛書店　2.□書展　3.□劃撥郵購　4.□團體訂購　5.□網路購書　6.□其他

I. 您希望我們出版哪類書籍：（可複選）
　　1.□旅遊　2.□流行文化　3.□生活休閒　4.□美容保養　5.□散文小品
　　6.□科學新知　7.□藝術音樂　8.□致富理財　9.□工商企管　10.□科幻推理
　　11.□史哲類　12.□勵志傳記　13.□電影小說　14.□語言學習（＿＿ 語 ）
　　15.□幽默諧趣　16.□其他

J. 您對本書(系)的建議：

K. 您對本出版社的建議：

讀者小檔案

姓名：＿＿＿＿＿＿＿性別：□男 □女　生日：＿＿年＿＿月＿＿日

年齡：1.□ 20 歲以下 2.□ 21 — 30 歲 3.□ 31 — 50 歲 4.□ 51 歲以上

職業：1.□學生 2.□軍公教 3.□大眾傳播 4.□服務業 5.□金融業 6.□製造業
　　　7.□資訊業 8.□自由業 9.□家管 10.□退休 11.□其他

學歷：□國小或以下 □國中 □高中／高職 □大學／大專 □研究所以上

通訊地址：＿＿＿＿＿＿＿＿＿＿＿＿＿＿＿＿＿＿＿＿＿＿＿＿＿

電話：（H）＿＿＿＿＿＿＿＿　（O）＿＿＿＿＿＿＿　傳真：＿＿＿＿＿＿＿

行動電話：＿＿＿＿＿＿＿＿＿　E-Mail：＿＿＿＿＿＿＿＿＿＿＿＿＿＿

◎謝謝您購買本書，也歡迎您加入我們的會員，請上大都會網站 www.metrobook.com.tw 登錄您的資料。您將不定期收
　到最新圖書優惠資訊和電子報。